本书得到 2022 年河南省哲学社会科学规划年度项目"'双碳'战略下河南实现经济新增长的动力转换及提升路径研究"（2022CJJ139）和博士科研启动经费（13480042）的资助

市场型环境规制的经济增长效应

兼论地方贸易开放

程苓苓 ◎ 著

中国财经出版传媒集团

 经济科学出版社
Economic Science Press

·北 京·

图书在版编目（CIP）数据

市场型环境规制的经济增长效应：兼论地方贸易开放／程芳芳著．--北京：经济科学出版社，2023.8

ISBN 978-7-5218-4988-2

Ⅰ.①市… Ⅱ.①程… Ⅲ.①环境规划-影响-中国经济-经济增长-研究 Ⅳ.①X32②F124.5

中国国家版本馆 CIP 数据核字（2023）第 140177 号

责任编辑：顾瑞兰　许洪川
责任校对：刘　娅
责任印制：邱　天

市场型环境规制的经济增长效应
——兼论地方贸易开放

程芳芳　著

经济科学出版社出版、发行　新华书店经销

社址：北京市海淀区阜成路甲 28 号　邮编：100142

总编部电话：010-88191217　发行部电话：010-88191522

网址：www. esp. com. cn

电子邮箱：esp@ esp. com. cn

天猫网店：经济科学出版社旗舰店

网址：http://jjkxcbs. tmall. com

北京时捷印刷有限公司印装

710×1000　16 开　12.75 印张　180000 字

2023 年 8 月第 1 版　2023 年 8 月第 1 次印刷

ISBN 978-7-5218-4988-2　定价：66.00 元

前　言

　　党的十八大以来，中国始终坚持"绿水青山就是金山银山"的生态文明观，坚定不移走生态优先、绿色先行之路，引导经济发展实现绿色转型，构建环境和经济和谐共生的社会发展局面，加快推进美丽中国建设进程，让绿色成为经济增长的底色。但是，相对于经济稳步增长的态势，生态环境保护仍然面临质量改善的压力。基于环境库兹涅兹曲线理论，由于经济增长还没有完全摆脱污染排放需求，经济在量上的扩张和质的提升与经济结构转型实现协调发展仍需一定的时间。一方面，排放需求加剧了经济增长对环境污染治理的压力；另一方面，企业又不断在技术、制度等层面提高对环境资源的利用率来减缓经济增长对环境污染治理的压力。所以，短期内环境发展和经济增长仍可能处于 EKC 曲线左侧爬坡向右侧下坡的关键转折期。新时代的中国要实现有质量的经济增长，传统的粗放发展模式应逐渐被摒弃，向绿色发展模式转型升级。生态环境统计年报数据显示，2017 年全国废气中二氧化硫排放量为 610.8 万吨，2018 年降至 516.1 万吨，2019 年降至 457.3 万吨，2020 年降至 318.2 万吨，到 2021 年，排放源统计调查范围内废气中二氧化硫排放量为 274.8 万吨。由此可知，污染物排放量在持续下降，全国大气环境质量正在不断改善。

　　为了取得大气污染治理成效，政府推出了多元化环境规制工具和手段，包括命令型环境规制、市场型环境规制和公众参与型环境规制等，而市场型环境规制在政府和市场双向参与下对环境质量的改善发挥了重要作用，排污权交易作为典型的市场型环境规制手段也是"十四五"时期环境治理改革和创新的需求。由于排污企业主动参与污染减排，可以将超量减排剩余的排污权依托市场运行机制出售以获得经济收益，本质上是市场对企业环保行为的经济补偿，在总量上控制污染排放。试点地区也在积极指导排污企业主动淘汰落后和过剩产能，加大污染减排技术投入降低污染排放，形成"富余排污权"参与排污权市场交易。虽然前期的市场型环境规制试点政策改善了环境污染状况，但是其经济效应尚未有统一的研究结果，需在特定情景下具体考察。此外，在经济全球化遭遇逆流、整个国际发展的大环境充满巨大变数的情况下，中国实现了贸易正增长，尤其是中西部地区实现了进出口的快速增长，国内区域贸易布局也日益协调，自主创新能力带动的高技术和高附加值产品出口竞争力逐渐提高，服务贸易逆差大幅收窄。但是诸如能源供给短缺，尤其是因绿色能源供给供应持续下降而严重影响制造业企业产能、降低产品国际竞争力的问题仍然严峻。随着新业态的发展，绿色化产品逐渐进入公众视野，环境规制下绿色产品加速出口，成为拉动地方经济发展的动力，因此贸易变量也是研究经济发展和环境治理协同推进的重要考量因素。

本书选择1998～2018年地级市的相关数据为样本集，主要包括四部分内容：第一部分为第1章和第2章，包括绪论和文献综述，重点从环境规制、经济增长以及这两者的关系三个层面阐述研究背景与意义，进一步过渡到环境规制的具体形式以及经济增长中"量"和"质"的二维视角，并从环境规制、经济增长以及环境规制与经济增长之间的关系三大层面展开文献梳理并进行文献述评。第二部分为第3章，重点内容为现状与理论，包括环境规制现状、经济增长现状以及两者理论关系的推导。第三部分为实证分析内容，包含第4章、第5章、第6章和第7章，探讨了市场型环境规制对经济增长"量"和"质"的影响、市场型环境规制影响经济增长的机制以及贸易开放视角下市场型环境规制对经济增长的影响。第四部分内容为第 8 章,是结论与政策建议部分,本书运用理论和实证相结合的方法得出具体研究结论,并从完善市场化环境政策机制、推动产业结构升级进程、加大科技创新投入力度和拓宽国际贸易渠道四个层面提出政策建议。

高质量发展是我国全面建设社会主义现代化国家的首要任务,生态环境作为实现高质量发展的重要环节不容忽视。生态环境保护和经济发展是辩证统一、相辅相成的,环境污染治理部门应不断创新环境治理手段和工具推动经济高质量发展,实现和环境高水平保护的协同共进,推动形成人与自然和谐发展现代化建设新格局,将"绿水青山"转化为"金山银山",赋能地方经济发展。环境污染治理的目标不仅是要守好生态保护"红线"防止生态功能下降,还要实现和地方经济高质量发展的良性循环,在全国和区域开展产业结构调整、加大污染减排技术和研发,探索适合国内发展环境的绿色之路。本书以排污权交易为市场型环境规制的典型代表,研究其对经济增长"量"和"质"的双重影响,希冀为推动绿色发展实现新进步和生态环境治理能力迈出新步伐提供学术咨询。

目　录

第1章 绪 论

　　"污染防治攻坚战"的表述在党的十九大报告中首次出现，且位于三大攻坚战的末位，但是2019年的中央经济工作会议对三大攻坚战的顺序作出了调整，污染防治攻坚战位列第二，这一变化可以看出中国在环境污染治理方面的决心。虽然当前时期环境污染治理取得了一定的成绩，但是局部地区污染事件仍时有发生，尤其是农村地区小型企业偷排漏排现象。2020年作为"十三五"收官之年，面临国际贸易环境日趋复杂、新冠疫情在全球肆虐的复杂局面，相比之前经济发展压力加大，但是经济要实现高质量发展的目标没有变，进程依然在稳步推进。经济的高质量发展贵在"量"和"质"的同步推进，"量"要有合理增长，"质"也需要稳步提升。而且"十四五"时期的发展目标是要在既有发展质量的基础上实现可持续、更优化和更高级的发展，同时在环境改善方面要坚持实现生态文明新进步，污染物排放量持续下降，生态环境得到持续改善，进一步实现环境质量和经济发展的同频共振。"十四五"规划的第十一篇也提到要深入打好污染防治攻坚战，推进排污权市场化交易，坚持绿水青山就是金山银山。2021年10月，《关于完整准确全面贯彻新发展理念做好碳达峰碳中和工作的意见》发布，11月，《关于深入打好污染防治攻坚战的意见》发布，《上海加快打造国际绿色金融枢纽服务碳达峰碳中和目标的实施意见》《长三角生态绿色一体化发展示范区绿色金融发展实施方案》等文件也相继颁布，这些环境经济领域的全国或区域性政策文件的发布表明，环境保护与发展正在经历环境经济政策创新与实践。2022 年政府工作报告继续强调要保障生态环境质量持续改善，主要污染物排放量继续下降，处理好发展和减排的关系，强化大气污染物的区域协同治理思路。环境作为人类赖以生存和发展的基础，虽然当前环境质量相较之前已经有了很大改善，但是环境治理过程中衍生出的一些问题（比如是否影响到地方经济增长），加剧了环境治理和经济可持续增长之间的矛盾。

绿水青山就是金山银山是环境保护和经济发展之间关系的正解，也是本书要表达的核心要义，清晰指明了"保护生态环境就是保护生产力、改善生态环境就是发展生产力"这种实现经济发展和环境保护协同共生，坚决不能重复走"先污染后治理"的发展之路。自然是最公平的财富，只有充分保护好自然，利用自然优势发展特色产业、引导绿色产业，才能释放绿水青山里蕴含的生态价值。在本书中，环境保护用市场型环境规制表达，经济发展层面用经济增长的"量"和"质"体现经济发展的二维视角，笔者将进一步考察两者之间的关系。

1.1 研究背景与意义

本书从环境规制、经济增长以及这两者的关系三个层面阐述研究背景与意义，进一步过渡到环境规制的具体形式以及对经济增长中"量"和"质"的二维视角研究。

1.1.1 研究背景

环境污染问题错综复杂，从不同的角度可以划分为不同类型的污染，包括按环境要素划分的大气污染、水污染、土壤污染等，按属性划分的显性污染和隐性污染等，按环境污染性质划分的生物污染、化学污染、物理污染等，以及按人类活动划分的工业污染、城市污染、农业污染、海洋污染等。某一种环境污染可以是上述污染类型中的一种，也可能同时属于多种类型中的交叉污染。环境污染来源复杂，导致环境污染的治理具有明显的长期性特点。环境污染治理涉及政府、企业和个体等诸多利益相关方，现代化的环境治理政策和多元化的治理手段和工具亟须改革和创新，2020年中共中央办公厅、国务院办公厅印发《关于构建现代环境治理体系的指导意见》（以下简称《指导意见》），目标是构建与当前经济基础相适应的现代环境治理体系，该体系明确指出，政府为参与主导，企业为参与主体，社会组织和公众共同参与，从政府、市场和社会三大参与主体出发，建立一个政府、市场、社会三位一体的多元共治或多元协治的治理模式，以"多元耦合"的力量解决污染背后的一些机制难题。

《2021 中国生态环境状况公报》显示，污染物排放已经实现持续下降，生态环境较前期已经得到明显改善，减污降碳不断协同增效，生态环境风险大幅度下降，经济社会发展正在实现全面绿色转型。但是，诸多污染中大气环境污染治理仍然面临巨大压力，2021 年有 121 个城市环境空气质量超标，占比 35.7%。所以，在制定多元化的环境规制工具时，一定要正确认识环境保护和经济发展之间的关系。实际上，两者是相辅相成、辩证统一的。无论是环境保护还是经济发展，都是以满足人民的美好生活需要为目标。加大环境整治力度，形成绿色生产和消费模式，可以为新业态经济发展提供更广阔的空间。如果地方感觉到经济压力大，那这种压力也并非是环境保护带来的，而是由地方产业结果不合理、排污企业绿色技术投入不足或者地方环境治理体制不完善等导致，正确认识环境保护和经济发展之间的关系，需同时从这几个方面发力和入手。

1.1.1.1 环境规制层面

以往的环境治理中，命令型环境规制长期占据主导地位。2012 年，政府考虑到当时环境污染特点，针对重点区域颁布了大气污染防治"十二五"规划，中国大气污染防治目标也开始发生转变，由以前的控制污染总量排放转为提升环境质量，污染防治工作也从防治一次污染转向防治双重污染。2013 年颁布的《大气污染防治行动计划》显示，以 2012 年为基准，可吸入颗粒物浓度在 2017 年至少要下降 10%，且要逐年提高地级及以上城市的优良天数，三大城市群的环境质量也有提升等。《大气污染防治行动计划》作为中国大气污染防治工作的纲领性文件，在环保政策史上具有重要的里程碑意义。

2014 年，为了进一步优化空气环境质量，政府将大气污染防治纳入工作考核内，将空气质量改善程度作为考核标准，从 2013 年起对各个省市 PM2.5 或 PM10 的年均浓度较 2012 基数年的下降比例进行考核，在设定 2017 年底需达到的总目标的同时，又在 2014 年、2015 年、2016 年分别设置了阶段性目标，进一步对这些目标合理分解，以确保任务有规划地实施。2015 年，随着雾霾越来越严重，全国人大常委会根据污染的实际情况对《大气污染防治法》进行了具体修订，该部法律的相关法条明确要求地方政府应分层考核大气污染防治工作，检验大气环境质量改善程度。

2016 年年底以来，随着《环境保护法》《环境保护税法》《环境影响评价法》等法律法规相继出台，环保持久战迈入攻坚阶段。这类环保法律、规章制度、法规政策等命令型环境规制的主导者为政府，主要特点为强制型或命令型，对违反环境规定的企业主要采取生产禁令、行政处罚等措施。它设定环境污染下限，将环境保护置于事前状态，可以从根源上治理环境污染，但是缺乏灵活性，若环境目标约束趋紧时会造成企业福利损失。

除上述常见的命令型环境规制以外，还有另外一种治理环境污染的环境规制工具，即市场型环境规制。这种类型的环境政策以市场为手段，实施污染排放总量控制目标，将环境污染治理的主动权交给污染企业，由企

业主动承担污染减排任务，在排污成本和收益之间自主选择。例如排污权
交易，主要思想就是排污权被看作一种商品可以在污染市场中买卖，各污
染源之间通过购买排污权的方式调节排污量，以达到污染总量控制的目
标。若企业实现了超量减排就可以将剩余排污权在二级交易市场出卖以获
得经济激励，这实质上也是对企业污染减排的一种补偿。这样，排污的主
动权就从政府强制减排转向企业自主减排，环境污染的行政处罚也变成了
市场交易。据生态环境部数据披露，2021 年 7 月全国碳市场正式启动上
线交易，截至 2022 年 7 月，碳排放配额累计成交量达 1.94 亿吨，累计成
交额达 84.92 亿元。全国碳市场通过发挥市场力量将碳减排责任落实到企
业，让企业意识到"排碳有成本，减碳有收益"的低碳发展理念，有效
发挥了碳价在碳市场中的调节功能。除此之外，目前中国绿色金融创新也
是新的以市场化为基础治理环境污染的解决方案，以绿色信贷、绿色基
金、绿色证券及其衍生工具为治理手段，为企业污染减排提供多样化的金
融支持，如设立绿色发展基金、开展排污权交易和环保装备的融资租赁
等。以广州市为例，绿色信贷、绿色债券等金融工具为广州市传统产业的
转型和低碳产业的发展提供了较低成本的资金支持。兴业银行广州分行为
广州越秀集团承销发行了绿色中期票据用于支持广州造纸集团绿色环保项
目，该集团将造纸过程中的废水废气回收、净化并循环利用以达到生产零
排放，将污染型企业扭转为绿色循环经济的绿色发展企业。得益于绿色金
融对产业转型和绿色发展的促进作用，绿色金融试验区各项节能环保指标
均实现较好的提升。

目前，单一的以政府为主导或以市场为主导的环境规制已经很少，大
多数情况是政府和市场都会参与，但是要明确政府和市场在环境保护中的
权限和边界，避免政府过多干预市场机制，导致排污权交易市场活跃度降
低。在《指导意见》中，除了命令型环境规制和市场型环境规制以外，
还存在另外一种公众参与型环境规制，即发挥非政府的工作力量，比如向

公众开放非政府组织（NGO）基金、开展环保宣传与教育、组织环保公众开放活动。为鼓励公众参与环境影响评价，2018 年《环境影响评价公众参与办法》审议通过，该办法在知情、表达和监督等方面保障了公众参与环境保护的相关权益。但是，目前社会参与环境保护的制度体系还不是很完善，正在逐步探索中。

1.1.1.2 经济增长层面

当前，我国经济已经处于新的发展阶段和发展高度，经济体量大幅提高，但经济取得高速发展的同时，生态资源、资本和劳动力等市场面临一些挑战，经济区域性发展不平衡和不充分的问题日益凸显，传统数量扩张型的经济增长模式面临强劲转型，正在向集约化的高质量发展道路迈进。面临世界经济下行、贸易发展不确定以及不稳定因素增多、保护主义和单边主义势力不断抬头以及经济全球化遭遇逆流的发展态势，中国经济唯有走高质量发展之路才能实现增长的可持续。高质量发展不仅要有"量"上的扩张，更要关注在"质"上的增长效率和更高水平。经济增长是一种螺旋式上升过程，而非线性上升，当体量达到一定规模时必然会转向质的提升，坚持以"质"取胜，才能推动经济整体运行平稳。党的二十大报告和 2023 年中央经济工作会议均对经济质的有效提升和量的合理增长作出了强调性论述。在新的发展理念下，统筹经济质的有效提升和量的合理增长，才能有效推动高质量发展。

2015 年 10 月，党的十八届五中全会将绿色发展与创新、协调、开放、共享等发展理念共同构成五大发展理念；2017 年，党的十九大报告明确指出要加快建立绿色生产和消费的法律制度和政策导向，建立健全绿色低碳循环发展的经济体系。绿色发展作为传统发展模式的创新体不断被推崇，是因为绿色发展过程将环境污染承载力和生态环境容量作为经济增长的约束条件，把环境保护作为谋划经济可持续发展的重要考量因素。以生态文明建设为总基调，绿色发展的内涵主要包括：（1）除了劳动、资本等要素以外，环境资源也是经济发展的投入要素；（2）环境和经济的协同可持续推进是绿色发展的目标；（3）把经济发展结果的绿色化和生态化作为实现绿色发展的重要途径之一，突破环境资源约束大力发展绿色经济是未来经济增长的着力点。

当前，中国正在大力倡导绿色发展，绿色发展是一种新的经济增长和社会发展方式，是当前甚至更长时期内经济发展的主导思想和发展理念。"绿色"即环境治理需要实现的目标，是"绿水青山就是金山银山"理念中基本的核心所在，"发展"即在绿色先行的前提下实现经济增长。由此可知，绿色发展的实质性含义在于实现环境和经济之间的动态平衡，并推动经济"量"和"质"的双重发展。经济实现双重发展绝不是在环境和经济平衡关系下的一种"低水平"演进，而是涉及经济社会发展中的方方面面，需实现质量第一、效率优先，是"量"和"质"的有机统一。

关于"量"和"质"的双重发展，宏观层面可包括：通过高质量的要素投入、高效率的要素利用以及高效率的产出，实现稳定的宏观经济发展；不断优化产业结构，合理布局一二三产业结构，促进三大产业不断深度融合发展；创新驱动引领发展，在拉动中高端消费、以创新引领发展、生活方式低碳化、加强资本服务以及有效应对重大突发事件等领域挖掘新的经济增长点，形成经济发展内生动力。从微观层面来讲，企业在规模实力、品牌影响力、技术创新等方面具有国际话语权，低资源消耗水平下生产出高附加值的产品和服务，提高生产和服务的效率和效益，鼓励企业勇于创新、自主创新，顺应时代化和个性化的消费需求，教育、医疗、就业等方面能满足社会民生在数量和质量上的需要，让绿色发展理念深入人心，呈现宜居宜业的良好生活状态。

1.1.1.3　两者的关系层面

目前，将环境质量和经济发展纳入统一研究框架的就是环境库兹涅茨曲线，曲线从左到右环境和经济的相互关系，实际上是福利的改善，是根据经济发展水平一直追求的环境目标和发展方向。在经济发展水平处于前期比较低的阶段时，此时经济发展带来的污染也在环境自净化或污染治理能力范围内，但是随着经济的进一步发展，污染治理能力与经济发展水平不匹配时，环境质量开始随之下降。随着经济发展阶段的向前推进，经济发展水平也在随之提高，当经济发展达到某一特定的水平时，环境污染不会随着经济发展水平的提高而增加，而是一种下降的趋势，环境质量逐渐得到改善。但是经济在实际运行过程中，偶尔会出现环境和经济的动态失衡，相对于长期发展目标来看，这些都属于正常可控范围，随着经济发展水平的提升带来的环境改善，大多来自环境规制的动态变革。

适度地加大环境保护力度，对经济增长来说是正向的影响因素，最直观的表现为环境污染治理需要素投入，可以拉动内需提高就业，从而促进经济增长。严格的环境保护法律法规政策可以刺激有排污需求的企业升级生产工艺，通过逐渐淘汰高污染和高耗能行业的落后产能优化产业结构和产业布局。由环境保护催生的节能环保等新业态发展，不断释放绿色发展红利，形成新的经济增长点，最终环境保护和经济增长会实现协同发展，同频共振。短期内，传统经济发展模式向绿色经济发展模式转型过程中，难免会出现经济发展阵痛。但是绿色发展已经将环境保护与环境保护紧紧地联系起来，通过命令型环境规制、公众参与或市场竞争等多元化环境规制手段使环境保护发挥对经济的优化作用，让生产、生活以及消费方式的绿色化去破解经济发展中的污染困局。

如何深度考察和正确理解环境和经济的关系，一直是生态环境部门和学术界关心的热点和焦点问题。当前，中国环境保护工作力度、深度和广度前所未有，随着经济发展周期的波动，是否有必要将环境保护的强度与经济增长的需要相协调，调整环境污染治理政策，使环境保护成为经济健康可持续发展的内在支撑因素值得深思。频繁发生环境污染事件本质上还是环境和经济的失衡问题，既有重经济轻环境的保守主义，即过度重视经济的增长而忽略环境问题；又有重环境轻经济的激进主义，即过度环境保护忽略了环境承载力和自净化能力，这种对经济无疑是一种损害行为。因此，有必要重视环境和经济的平衡性问题，当环境治理能力跟不上经济发展水平或经济发展水平无法满足环境治理所需时，中长期就需要在经济端或环境端调整政策约束以应对这种静态失衡。现实中，我们面临的往往是环境与经济的动态失衡，即在动态发展中，环境与经济并非是协同发展。面对这种动态失衡问题，在保持中长期目标不变的情况下，可以根据经济增长的波动调整环境治理强度或者采取不同的环境政策工具。

综上所述，无论是绿色发展还是"量"和"质"的双重发展，最终定位还是在发展层面。经济发展可以进行"一分为二"的分解，即经济发展的"量"和经济发展的"质"。经济增长没有量的积累，就无法为环境污染治理提供财政、技术等方面的支持，没有从量变到质变的转化，经济增长就无法体现效率的提升。因此，在目前中国环境承载力仍面临巨大风险的情况下，加之不稳定不确定的影响因素显著增多，处理好环境规制和经济增长"量"和"质"的关系具有重要的研究意义。

1.1.2 研究意义

2020 年政府工作报告显示，2019 年国内生产总值达到 99.1 万亿元，增长 6.1%，经济发展整体趋势平稳，在环境治理方面表现为污染排放量的持续下降，污染防治工作取得成效，环境质量得到改善。也就是说，目前中国环境和经济的失衡已经在很大程度上得到缓解，但是结构性矛盾依然存在，仍然有需要改进的空间。如何面临新"增"排放，既不能走"先污染后治理"的老路，也不能放任这些排放置之不管，这时政策创新提升环境治理能力尤为重要，政府和市场在环境污染治理中的角色互动对经济增长的影响不可忽视，本研究将从理论意义和现实意义两个方面阐述市场型环境规制对经济增长"量"和"质"的影响。

1.1.2.1 理论意义

一方面是理论基础。环境库兹涅茨曲线提出的基础是收入分配库兹涅兹曲线，收入分配库兹涅兹曲线主要描述社会收入分配与经济发展水平之间的动态变化关系。随着研究的深入与多样化，引申出经济与社会发展的其他库兹涅茨曲线。1991年北美自由贸易区谈判中，美国担心贸易自由化带来的收入增长可能会影响本土环境状况，据此美国经济学家格鲁斯曼（Grossman）和克鲁格（Krueger）为了检验这种情况是否存在，基于相关研究数据实证检验了人均收入与环境质量之间的关系，论证结果发现，在人均收入比较低时，污染随着经济发展的增加而增加，在人均收入比较高时，污染随着经济发展的提高而下降。

另一方面是理论验证。在明确了人均收入与经济发展之间呈现倒"U"型的非线性关系的基础上，1993年潘纳约托（Panayotou）将环境质量纳入了研究框架，考察环境污染状况与人均可支配收入之间的定性与定量关系，并据此得出了研究结论，之后将二者之间的关系图形描述为环境库兹涅茨曲线。环境库兹涅茨曲线提出后很多研究者开始在理论或实证上检验其存在性，得出了多样化的结论，诸如"U"型、"N"型和倒"N"型等，丰富了对EKC的解释。但是，有研究者也认为在应用上受到很多限制，如内生限制、指标问题、污染的存量和流量问题等很多现实问题。本书研究市场型环境规制对经济增长"量"和"质"的影响，是对环境库兹涅茨在具体环境目标约束上的补充，且进一步拓宽了经济增长的研究维度，从"量"和"质"的二维视角切入，验证了环境库兹涅茨曲线在中国地级市单元层面上的适用性。

1.1.2.2 现实意义

首先是现实背景。目前绿色成为中国经济发展的主色调，但是中国经济社会发展不平衡、不协调以及缺乏可持续性的问题仍然很突出，环境污染的同根同源性、多类型交织以及阶段性和多元性特征很难解决，当前甚至更长时期内环境治理的主要任务仍然是查漏补缺，及时解决突出的生态环境短板问题。政府从国家战略高度加强生态文明建设，致力于寻找经济发展和环境保护可以协同推进的路径，实现经济和环境的双赢局面，证明二者不是对立的关系，而是辩证统一的关系。

其次是现实问题。目前中国经济在稳增长的过程中仍面临主要污染物处于千万吨左右的高排放现象，远远超过或已接近环境自净化能力上限，《"十三五"生态环境保护规划》显示，当前仍有重度污染天气出现，且有超半数比例的城市空气质量未达标，处于生态环境高风险的级别。为打赢环境污染攻坚战，包含主要污染物的减排目标、环境质量考核体系、公众参与环境保护等一系列环境法律法规完成制定修订，政府、市场和公众等多元主体开始逐渐参与环境治理，对市场型环境规制进行试点改革并逐步推行。

最后是问题研究。中国经济侧需要实现高质量发展的目标，在取得一定成绩的同时也要认识到发展面临的问题和挑战，经济发展增速放缓，不稳定不确定性因素明显增加，突出的生态环境问题也是制约经济高质量的主要因素。因此，本书研究市场型这一政府和市场双向参与的环境规制对经济增长"量"和"质"的影响，可以为当前中国经济高质量发展的趋势提供方向上的参考。

1.2　研究内容与方法

1.2.1　研究内容

本书按照提出问题→了解问题→分析问题→事实验证→解决问题的研究思路设计了 8 个章节的研究内容，其中提出问题为第 1 章内容，了解问题为第 2 章内容，分析问题为第 3 章内容，事实验证为第 4 章、第 5 章、第 6 章和第 7 章内容，解决问题为第 8 章内容（见图 1.1）。

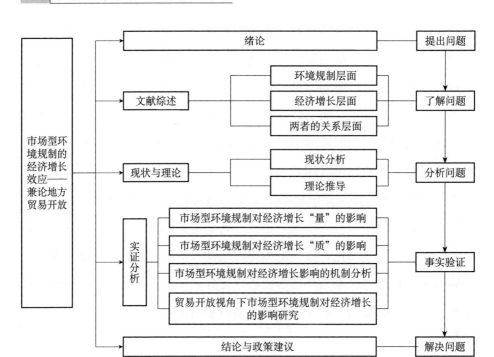

图 1.1 研究内容

第 1 章为绪论。本部分主要从环境政策、经济增长以及这两者的关系三个层面阐述研究背景与意义，进一步过渡到环境规制的具体形式以及对经济增长中"量"和"质"的二维视角研究。

第 2 章为文献综述。本书的文献综述主要从包含类型、衡量以及文献述评的环境规制，包含产业结构、技术创新以及文献述评的经济增长，包含遵循成本假说、波特假说以及相融发展的环境规制和经济增长关系等相关内容层面展开文献梳理和述评。

第 3 章为现状与理论。现状部分一方面从命令型环境规制、市场型环境规制以及公众参与型环境规制三大层面对环境规制进行现状描述，另一方面从经济增长的"量"和经济增长的"质"两方面对经济增长进行现状描述。理论部分参考以往的环境经济学研究分析框架，对污染型企业的等排放线和等利润线进行模型推导，寻找出企业既能满足排放约束又能满足企业利润的切点路径。

第 4 章为市场型环境规制对经济增长"量"的影响研究。本部分主要考察市场型环境规制对经济增长"量"的影响,以二氧化硫排污权交易为市场型环境规制的典型代表,对其地方实践进行描述,选择双重差分法检验两者之间的定量关系,进一步从避免选择性偏误的角度进行稳健性检验以及选择用随机抽样的方法进行安慰剂检验,最后从地理特征以及资源水平切入进行异质性分析。

第 5 章为市场型环境规制对经济增长"质"的影响研究。本部分主要考察市场型环境规制对经济增长"质"的影响,以二氧化硫排污权交易为市场型环境规制的典型代表,选择双重差分法检验两者之间的定量关系,进一步从避免选择性偏误的角度进行稳健性检验以及选择用随机抽样的方法进行安慰剂检验,最后从地理特征以及资源水平切入进行异质性分析。

第 6 章为市场型环境规制对经济增长影响的机制分析。在前文已经验证市场型环境规制对经济增长"量"和"质"影响的基础上,本部分验证市场型环境规制通过何种渠道影响经济增长的"量"和"质",研究主要选取产业结构升级和技术创新两个中介变量,运用中介效应模型检验市场型环境规制影响经济增长"量"和"质"的产业结构升级效应和技术创新效应,并进行稳健性检验以及区域异质性分析。

第 7 章为贸易开放视角下市场型环境规制对经济增长的影响研究。本部分在前文研究的基础上主要考察贸易开放视角下市场型环境规制对经济增长的影响,模型中加入进出口变量与市场型环境规制的交乘项,检验贸易开放视角下市场型环境规制影响经济增长的边际效应,进一步对相关结果做稳健性检验和异质性分析。

第 8 章为结论与政策建议。本部分梳理了主要的研究结论,并据此从完善市场化环境政策机制、推动产业结构升级进程、加大科技创新投入力度和拓宽国际贸易渠道四个方面提出针对性的政策建议。

1.2.2 研究方法

本书涉及的研究方法主要是理论推导和实证检验相结合的研究方法。

（1）理论推导。研究在已有环境经济学理论分析框架下，将环境规制具体到了以排污权交易为代表的市场型环境规制层面，在企业的利润函数中加入了一级市场排污权的使用成本和二级市场排污权交易的经济激励，对市场型环境规制实现环境和经济的协同推进路径进行理论推导。

（2）实证检验。实证方法主要选择的是检验政策效应的主流方法，即双重差分法。双重差分法主要考察政策实施前后实验组相对于控制组变量的主要变化，该方法在应用时有严格的前提条件，即政策实施前试点地区和非试点地区是否满足同质性的平行趋势条件。由于区域之间的差异性，如果只是简单地将试点地区的经济结果看作是试点地区的反事实结果，会有结果偏差，因此本书选择用倾向得分匹配双重差分法作为稳健性检验，并与双重差分结果做简单的对比分析。为了进一步检验本书的研究结果是否受地区—年份层面等不可观察因素的影响，本书选择用随机分配实验组进行安慰剂检验，最后从地理特征和资源水平切入，做了一系列异质性检验。

1.3 研究视角及维度

本书研究市场型环境规制对经济增长"量"和"质"的影响，与以往研究的出发点不同，主要体现在研究视角和研究维度两个方面。

1.3.1 研究视角

（1）为什么研究市场型环境规制？"十三五"时期，环境治理政策在环境治理中效果显著，中国已经基本具备完善的环境政策体系，坚持激励与约束齐头并进，构建了多种以市场为主导力量的综合环境污染治理政策和体系，如排污权交易、绿色金融、生态补偿等，其中排污权交易正在由点到面稳步推进（董战峰等，2020）。目前，中国的环境治理体系仍处于完善阶段，生态文明建设完全融入经济社会发展的创新政策较为缺乏且效应也尚未显现，因此面对错综复杂的环境污染类型以及区域治理难度，环境污染治理的政策和体系仍存在创新和改革需求。相当长时期内，中国对环境污染事件的处罚是以行政手段为主，诸如排污权、绿色金融和生态补偿等环境治理的市场机制尚不成熟，环境外部成本不具有经济性。"十四五"时期，环境经济政策的创新和改革需求仍然是建立以市场手段为主、行政手段为辅的环境治理机制（董战峰等，2020），由此可知，很有必要考察目前中国现有市场型环境规制的效果及其经济增长效应。进一步由第2章的文献梳理可知，目前关于环境规制的研究，大多数研究的是命令控制型环境规制，专门针对市场型环境规制的细致研究偏少。

当前，影响我国环境质量改善的废水排放、挥发性有机物排放等污染类型的排放量级仍然很高，严重拖缓我国环境质量改善进程。2018 年，《关于全面加强生态环境保护 坚决打好污染防治攻坚战的意见》提出把"健全生态环境保护经济政策体系"作为改革完善生态环境治理体系的"五大体系"之一，这为进一步加快环境经济政策改革提供了动力，也为下一步环境经济政策的创新明确了方向。此外，在诸如打赢蓝天保卫战、水源地保护、农业农村污染治理攻坚战等七大标志性战役作战方案中也将市场型环境规制作为环境污染治理的重要保障，也提出了建议市场型环境规制的具体要求。"十三五"期间，环境经济政策在环境治理中发挥显著成效，从生产层面到消费层面，从政府层面到公众层面不断发力，生态的经济效益不断凸显。但是，现阶段我国环境经济政策机制尚不成熟，"十四五"时期环境污染治理的保障措施中建议以行政手段为辅市场手段为主的市场型环境规制仍是重中之重。那么，实现经济增长在"质"层面上的突破时，以排污权交易为代表的市场型环境经济政策将发挥怎样的作用，值得深入考察。

（2）贸易开放视角下的解读。商务数据中心显示，2018 年货物进出口金额为 46224.44 亿美元，同比增长 12.5%，受国际发展环境和新冠疫情的影响，2019 年中国货物进出口金额为 45778.91 亿美元，同比增长 -1%，得益于中国对国际环境发展变化和疫情防控的有效应对，2020 年中国货物进出口金额实现正逆转，金额为 46470.63 亿美元，同比增长 1.5%。贸易作为拉动经济发展的重要组成部分，其影响作用不可忽略。早期，为缓解制造业快速发展过程中原料不足的问题，从国外进口可以作为原料的固体废弃物，弥补国内资源短缺的缺陷，甚至有部分地区通过出售"洋垃圾"赚取差价利润，获得经济畸形发展。但是，随着中国对环境污染治理的力度越来越大，采取的环境规制形式越来越多元化，进出口贸易形式也在不断更新变化，进出口贸易对国内环境和经济的影响成为重要的考量因素，且在环境经济学领域，贸易与环境的关系也得到了诸多验证，因此贸易开放视角下研究市场型环境规制的经济增长效应很有必要。

1.3.2 研究维度

经济的"量"合理增长和经济的"质"稳步提升是经济增长两个重要维度，2020 年习近平总书记在宁夏考察时也明确提出经济增长是"量"和"质"的双重标准的统一，"量"的增长为经济运行提供基础服务，"质"的提升可以实现更有效率的经济增长。由此可知，经济增长"量"和"质"的协同推进值得深入研究。

根据国际和国内的发展情况，尤其是中国国情的发展阶段变化，政府及时对经济发展形势作出重要判断，目前中国经济由高速增长转向中高速增长，并要求实现稳增长，这意味着中国经济增长已经进入与以往不同的新的增长阶段。2021 年政府工作报告明确了经济社会发展预期目标，国内生产总值要增长 6% 以上，确保经济在合理区间内运行。同时，报告也强调了绿色发展的重要性，即现代化经济发展体系和环境污染治理体系均离不开绿色发展的基调，绿色发展是体系构建的方向标，为具体设定污染减排目标提供参考。目前经济增长的体量可以为经济增长在"质"方面的转变创造条件，在当前国际形势不确定性因素增多的情形下，经济增长只有实现"质"的突破才能使经济发展变得可持续和稳定，才能在动态调整中不断优化。

进一步由第 2 章的文献梳理可知，关于经济增长一般是关于经济增长"量"的研究或是较少的经济"质"的研究，将经济增长的"量"和"质"纳入统一研究框架的文献研究目前相对较少。高质量发展已经成为当前经济发展的主旋律，忽略城市经济在"量"或"质"任何方面的考量都是研究偏差。

1.4　创新之处

相比于以往的研究，本书的研究有以下创新之处。

（1）首先是关于环境规制的研究。通过对以往的相关研究梳理发现关于环境规制的相关研究已经很丰富，但是大多都是直接从实证层面进行考察，缺乏理论分析。本书在已有环境经济学理论分析框架下，将环境规制具体到了以排污权交易为代表的市场型环境规制层面，在企业的利润函数中加入了一级市场排污权的使用成本和二级市场排污权交易的经济激励，通过理论推导环境和经济之间的内在联系。

（2）其次是关于经济增长双重维度的考察。目前关于经济增长的研究多数是比较笼统的在"量"上的研究，少数文献涉及对"质"的考察。实际上，经济增长应该包含"量"和"质"的双重概念，只有同步实现"量"的合理增长和"质"的稳步提升才能体现经济发展的核心本质和关键要义。"质"和"量"应该是辩证统一的同步推进，也更符合目前中国经济要实现高质量发展的关键要义，因此本书从"量"和"质"的二维视角研究经济增长，是对现有关于经济增长在研究维度方面的拓宽。

（3）最后是对市场型环境规制与经济增长之间关系的考察。目前关于环境规制与经济增长之间的研究不在少数，但是涉及的环境规制大部分是命令型环境规制，而本书研究集中在市场型环境规制与经济增长之间的关系，是对目前中国现行市场型环境治理政策效果的考察。市场型环境规制是"十四五"时期生态环境政策改革和创新的需求，目前现有市场型环境规制的效果可以为环境治理在工具和手段层面提供多元化的政策选择。对市场型环境规制和经济增长关系的研究深刻回答了环境保护和经济增长之间的关系，扭转了目前"环境保护为经济发展让路""环境保护抑制了经济发展"等错误的理念，为"绿水青山就是金山银山"理念的推广提供了现实数据的具体支撑，接下来关于环境政策与经济发展之间协同关系的演进与路径分析也会成为一种新的研究趋势。

第 2 章　文献综述

目前中国经济增长换挡降速，正逐步向高质量发展进程推进，但是在高质量发展过程中仍存在一些重要影响因素，诸如目前的环境污染状况。污染防治攻坚仍然是当前重要的环境质量改善目标，也是经济高质量发展进程中的主要壁垒。根据本书研究内容，本章将从环境规制、经济增长、环境规制和经济增长之间的关系三大层面展开文献梳理并进行文献述评。

2.1　关于环境规制的相关研究

环境污染具有很强的负外部性，经济主体的这种负外部性行为将会降低其他经济主体的社会福利，导致福利损失。生产的外部不经济造成的环境污染主要与环境市场失灵有关，政府需制定适用性的环境规制工具和手段以促进环境和经济的协调发展（Callan & Thomas，2006）。

2.1.1　环境规制的类型

目前，主流的环境规制有以下几种分类，基于不同主体行为的命令型、市场型、公众参与型和基于政策强度的正式和非正式环境规制。根据不同的研究主题，学者也进行了差异化的研究分类，主要有如下分类。

首先是命令型环境规制。高苇等（2018）以矿业为研究对象，研究环境规制强度与绿色水平之间的关系，结果发现两者之间呈"U"型的非线性关系，然后将环境规制细化到了命令型环境规制，发现两者之间表现出先抑制后促进的阶段性影响。申晨等（2018）同样细化了环境规制的类型，检验环境规制与工业绿色转型之间的关系，研究结果发现命令控制型环境手段与区域工业环境效率呈"U"型关系，而在不同的市场发展阶段下市场型环境政策工具与区域工业环境效率呈现多元差异化的研究结果。此外，基于污染减排成本视角，也有部分学者做了相关研究，例如比较污染税与命令控制手段的不同（Weitzman，1974）、研究不同环境政策对企业减排成本的影响（Harford，1978）、污染排放许可比命令控制手段能实现潜在成本节约（Stavins，1998；Arimura，2002）以及在企业风险中性和风险厌恶两种情况中污染税可以实现最优减排等（Sandmo，2002）。

其次是市场型环境规制。彭星和李斌（2016）对命令控制型的技术创新效应持怀疑态度，认为绿色技术创新水平和工业绿色转型只会随着市场型环境规制和公众参与型环境规制的提高而发生变化，基于市场的环境政策对企业创新的激励作用要大于单纯的采用命令控制型手段（Downing & White，1986），环境税也可以促进技术进步从而降低环境污染（Marconi，2009），波特和范德林德（Porter & Van der Linde，1995）也认为适当的环境规制强度可以达到刺激企业技术创新从而获得竞争优势。许士春等（2012）、蒙特罗（Montero，2002）、伊奎特和乌诺尔德（Requate & Unold，2003）、卢梭和普罗斯特（Rousseau & Proost，2005）、马乔·斯塔德勒（Macho-Stadler，2008）等学者将环境规制进行了分类，对环境规制的技术创新效应进行了理论推导和实证分析（Jaffe & Stavins，1995；蒋伏心等，2013；范丹和孙晓婷；2020）。

最后是公众参与型环境规制。由于指标数据的限制，关于公众参与型的相关研究偏少。雷菲尔德等（Rehfeld et al.，2007）认为公众参与型环境规制很难单独发挥其环境治理的作用，需要市场型环境规制和命令型环境规制的干预。刘满凤和朱文燕（2020）研究发现，基于公众参与视角的环境规制类型对技术创新具有显著的促进作用，同时证明了"波特效应"的存在性。陈东景和冷伯阳（2021）基于空间视角考察了公众参与型环境规制对雾霾污染的影响。

将上述环境规制整合分类，又可以划分为正式环境规制和非正式环境规制。一方面是正式环境规制。与上述研究分类相比，目前这种分类方式的相关研究还比较少，若环境治理过程中存在政策行为，比如制定污染物排放标准、设立环保系统检测点、定期或不定期地环保督查以及制定污染税的征收标准等，利用政府或市场的力量治理环境污染以提高环境质量，周海华和王双龙（2016）将其定义为正式环境规制。李眺（2013）研究正式环境规制与服务业发展的关系，结果表明正式环境规制对服务业发展有显著的促进作用，但是存在明显的地区差异。但是大量的实证研究表明，正式环境规制对服务业的发展产生了显著的负向影响（Bartik，1989；McConnell & Schwab，1990；Condliffe & Morgan，2009）。苏昕和周升师（2019）从企业微观角度出发考察环境规制与企业创新产出两者之间的关系，发现考察期内的正式环境规制强度还不足以促进企业技术创新，两者表现出显著的非线性关系。与之不同的是，虽然非正式环境规制与技术创新之间也呈现非线性关系，但是非正式环境规制的强度已经到了抑制企业创新的水平。

另一方面是非正式环境规制。非正式环境规制的概念很早就被提及，惠勒和帕格尔（Wheeler & Pargal，1996）已经将其定义为政府组织以外对环境进行保护的非政府社会团体。当地方政府错误地认为"唯经济发展"时，就会牺牲环境换经济发展，此时正式环境规制会存在很多局限性，那么非正式环境规制就是一种很好的环境规制补充（邝嫦娥等，2017），即使在发达国家，非正式环境规制的作用也不可忽略（Cole et al.，2013）。徐茉和陶长琪（2017）从正式环境规制和非正式环境规制双重环境规制的角度出发，研究产业结构与全要素生产率之间的关系，结果发现正式环境规制与非正式环境规制对全要素生产率出现了两种相反的作用力，其中正式环境规制产生的是显著的负向抑制作用，而非正式环境规制则表现出明显的正向促进效果。

此外，还存在几种不常见的分类方式。张平等（2016）从投资与成本的角度将环境规制划分为费用型和投资型两大类，分别检验两种类型的环境规制是否可以诱发技术创新效应。结果发现费用型环境规制诱发了企业技术创新的"挤出效应"，但自身对技术创新的作用是不显著的，而投资类型的环境规制则对技术创新产生了明显的激励作用，也从侧面验证了波特假说的存在可以有不同的环境规制类型。按照同样的分类方法，原毅军和刘柳（2013）研究两种不同类型的环境规制对经济增长的影响，得出了差异化的研究结论，其中投资类型的环境规制对经济增长的作用效果比费用型的环境规制对经济增长的作用效果明显，投资类型环境规制的经济增长效应更显著，而费用型环境规制不存在经济增长效应。赵玉民等（2009）通过对现有环境规制分类的考察和分析，拓展了环境规制内涵，将环境规制重新分为两大类，一类是显性环境规制，另一类是隐性环境规制，并进一步研究了其分类效果。还有学者将环境规制划分为信息型（或劝导型）、合作型、经济型、管制型四类（Böcher，2012）。

2.1.2　环境规制的衡量

由于环境规制存在多种形式的分类，在环境规制相关研究中对于环境规制的衡量也出现多样化趋势，所以在衡量环境规制指标上不同文献存在很大的差异，不同类别的环境规制其量化指标不尽相同，目前学术界对于环境规制也并没有统一的度量口径。

首先是基于成本的单一指标衡量。格雷（Gray，1987）、杜福尔

（Dufour et al.，1998）、伯曼和布伊（Berman & Bui，2001）用污染控制设备投资额与工业总成本占比说明环境监管的严格性，但是这种衡量不具有普适性（Lanoie et al.，2008），且由于环境规制数据难以直观获取以及已有的数据质量相对较弱，导致很多经验研究难以实现（Busse，2004）。格雷和沙德比安（Gray & Shadbegian，2003）选择用污染减排成本衡量环境规制的严格程度，发现污染减排成本较高的工厂其生产力水平明显较低。科尔等（Cole et al.，2005）选择用单位产出的污染治理和控制支出进行衡量，沈能（2012）、摩根斯坦等（Morgenstern et al.，2002）、布伦纳迈尔和科恩（Brunnermeier & Cohen，2003）选择用行业污染治理运行成本以及污染治理资金投入衡量环境规制强度，李刚等（2010）选择用工业环境已支付成本占工业环境总成本的比例衡量环境规制强度，达斯古普塔等（Dasgupta et al.，2001）选择用缴纳的环境污染税收作为衡量指标。

其次是基于排放量的单一指标衡量。科尔和埃利奥特（Cole & Elliott，2003）、张文彬等（2010）选择用单位排放量的工业增加值进行衡量、艾肯和帕苏尔卡（Aiken & Pasurka，2003）和解垩（2008）将单位工业二氧化硫排放量的环保投资额表征为环境规制强度，闫文娟等（2012）、纪玉俊和刘金梦（2016）根据研究的主题以及数据可得性，选择用单位工业废水排放量的污染治理投资额度量环境规制强度。

最后是基于收入水平以及能源消耗的单一指标衡量。陆旸（2009）选择用来自 WDI 数据库的人均收入水平作为环境规制的代表性指标，这是因为环境规制是内生的，并由收入和相对价格决定（Antweiler et al.，2001）。李勃昕等（2013）则认为，这些指标没有体现环境规制政策效果的综合视角，单位能源消耗的国民生产总值产出可以从投入和产出的角度综合衡量环境规制效果。但是，此类环境规制指标选择相对比较单一，存在不能全面体现环境规制政策效果的缺陷，且指标选取随机性很强（熊艳，2011）。当然，也有其他诸如以环境稽查次数作为代理变量的相关研究（Gray & Deily，1996；Laplante & Rilstone，1996）。

为弥补单一指标选择的缺陷，综合指标的衡量在研究时比较常见，主要有如下分类。

首先是投资额的角度。应瑞瑶和周力（2006）、陶长琪等（2018）加总了三废治理投资额的标准化处理结果，该值越大说明该地区的环境规制越强。同样，杨冕等（2020）认为，工业三废污染治理投资额的大小可以体现政府环境治理部门为环境质量改善付出的成本投入，因此选择用单位工业废物排放量上的污染治理投资额大小表征环境规制强度，数值越大说明环境规制强度越大。张成等（2011）、拉诺伊等（Lanoie et al.，2011）、刘和旺等（2016）将环境规制指标进行细化，分别从单位工业增加值所需的工业环境污染治理投资额、规模以上工业企业投入的主营成本带来的工业增加值以及单位工业增加值所需的废气和废水治理的投资费用三个层面表征环境规制强度（聂普焱和黄利，2013）。

其次是多层指标构建的角度。梅和沃斯（Maisseu & Voss，1995）、李梦洁和杜威剑（2014）、钟茂初等（2015）借鉴层次分析法构建了包含目标层、评价层以及指标层的多维度指标度量框架，测算综合指数衡量行业层面的环境规制强度。秦楠等（2018）选择用包含工业污染物三种形态的四个指标构建了工业行业环境规制强度综合指数。秦琳贵和沈体雁（2020）认为，环境规制应该是与多种因素相互影响的综合性指标，尤其是受产业发展和产业集聚的影响比较大，因此从企业角度和政府角度构建环境规制区位熵指数可以避免单一指标衡量时产生的选择偏误。

最后是污染排放量的角度。李珊珊（2015）基于地级市数据，用地区生产总值与三废排放量之和的比值说明环境规制强度，黄清煌和高明（2016）构建了综合指标体系，主要包括工业废水排放达标率、二氧化硫去除率、烟（粉）尘去除率和固体废物综合利用率四种单层指标，基于一定的算法将环境规制指标综合处理。考虑到城市层面部分数据缺失，张彩云和苏丹妮（2020）选择二氧化硫去除率、工业烟尘去除率为环境规制指标进行加权平均，以衡量环境规制水平。赵明亮等（2020）测算了工业废水、工业二氧化硫和工业烟（粉）尘三种污染物的排放量之和，选择用地区生产总值与排放量之比衡量环境规制强度，指标值越高，说明环境规制越强。

2.1.3　文献述评

对以上环境规制分类和环境规制衡量的相关文献回顾可知，环境规制分类和环境规制衡量都尚未有统一的定性或定量的结论。

首先是关于环境规制的分类，目前国内外研究者还是普遍将环境规制分为命令控制型、市场型环境规制和公众参与型环境规制，也会涉及诸如费用型和投资型、正式和非正式环境规制或者显性和隐性环境规制，但是占比相对比较少，主流分类居多。

其次是关于环境规制的衡量方面，由于环境规制的内涵尚未有统一的定义，根据研究主题涉及的内容差异，通常会存在多样化的衡量方式，诸如单一指标或者综合指标，每个类别的衡量指标中又存在差异化的指标选择，但是一般情况下会认为单一指标存在选择随机以及衡量偏误的问题，综合类指标更能全面涵盖环境规制的内容。此外，在环境规制的衡量中无论是单一指标还是综合类指标，一般默认是对命令型环境规制的衡量，而市场型环境规制为政策冲击变量（0－1），公众参与型（自愿型）受限于数据指标的搜集相关衡量也比较少。

最后是由于研究目标或研究主题的不同，抑或是研究数据的可得性，环境规制变量的分类各有侧重，环境规制变量的衡量也存在诸多差异，且大部分是在宏观层面对命令型环境规制的研究，市场型环境规制的研究相对要少于命令控制型。

2.2 关于经济增长的相关研究

针对经济增长的相关研究，本节将从产业结构与经济增长的关系、技术创新与经济增长的关系两大研究主题进行分类综述。

2.2.1 产业结构与经济增长的关系

为了有效平衡环境规制和经济增长之间的关系，中国积极探索生态文明绿色发展方式，而产业结构作为促进环境规制和经济增长协调发展的工具之一，受到学者的广泛关注。

首先是产业结构的经济效应不显著。以制造业为研究对象，法格伯格（Fagerberg，2000）、蒂默和夏尔迈（Timmer & Szirmai，2000）、贝妮达（Peneder，2002）、李小平和卢现祥（2007）等研究表明，产业结构的优化调整与经济增长之间并不存在显著的相关关系，即基于制造业的"结构红利"假说不存在。从工业和服务业的独立发展到工业和服务业的融合发展，渠慎宁和吕铁（2016）剖析了这种产业结构转型对经济增长的影响，数值模拟结果显示，服务业的发展可以让宏观经济不会出现巨大的周期波动，但是它的技术进步带来的经济增长效应弱于工业。李翔和邓峰（2019）研究发现，产业结构升级对经济增长产生了显著的负向影响，只有当产业结构与技术创新协同发展时才能出现正的经济效应。梁丽娜和于渤（2020）探讨了"技术创新—产业结构升级"对经济发展的协同效应，研究发现产业结构升级对经济增速的作用受技术创新投入的影响。在产业结构既定的前提下，技术创新投入越多，产业结构升级的边际经济效应越小。

其次是产业结构对经济增长的促进效应。恩盖和皮萨里德（Ngai & Pissarides，2007）通过理论分析发现，产业结构转型对一国的经济增长产生了显著的正向影响。孙叶飞等（2016）则发现，中国经济的"结构红利"随着产业结构的动态变迁确实在逐步减弱，导致经济增长过程中出现"结构性减速"现象，但这是一种短期现象，产业结构调整产生的经济增长红利仍然存在。当前，在区分经济体是否是发达经济体时，产业结构往往被看作是重要的考量因素，在发展中国家产业结构升级水平也是影响经济快速发展的关键要素（干春晖等，2011；Hori et al.，2018），经济能有高速发展时期，部分得益于产业结构的转型升级（Sachs & Woo，1994；Sachs，1996；于斌斌，2015）。

最后是产业结构对经济增长的不确定性影响。产业结构对经济增长的影响有时非上述线性促进作用或非促进作用，刘伟和张辉（2008）研究中国经济增长中的产业结构变迁和技术进步效应，结果发现产业结构变迁对经济增长的贡献呈现从高到低不断降低的趋势，逐渐落后于技术进步的经济增长效应。同样，干春晖和郑若谷（2009）的研究也表明，产业结构对经济增长存在显著的促进作用，但是这种促进作用随着政策的动态调整不断在减弱。在经济长期增长过程中，袁富华（2012）从产业结构的角度提出了结构性加速和减速的两种观点，用来解释和预测经济发展速度问题。徐辉和李宏伟（2016）以丝绸之路经济带中西北地区城市为研究样本，从产业结构的合理化和产业结构的高级化两种维度考察产业结构的经济增长效应，结果发现产业结构合理化比产业结构高级化表现出更稳定的经济增长效应。杨仁发和李娜娜（2019）从马克思主义政治经济学的视角分析产业结构变迁与经济增长，研究结果发现，无论是经济增长数量还是经济增长质量，产业结构对其均产生了先降低后上升的动态过程，但是在全球经济发展中产业结构对经济增长的影响却出现先增后减的现象（Eichengreen et al.，2012）。

2.2.2 技术创新与经济增长的关系

关于技术创新与经济增长之间的研究，一般没有直接的相关研究，多数是对技术创新的中介效应或异质性检验。

首先是技术创新的中介效应研究。潘雄锋等（2016）研究了技术创新在对外直接投资与经济增长之间的传导路径，发现对外直接投资能够通过逆向技术溢出效应实现技术创新成果的增加，进而间接促进经济增长，但是技术密集型行业的溢出效应可能更加明显（Driffield & Love，2003），如果要区分发达国家和发展中国家，那么这种逆向技术溢出效应在发达国家更明显（Pradhan & Singh，2008）。江红莉和蒋鹏程（2019）从财政分权的视角研究技术创新与经济增长，技术创新的中介效应进一步抑制了财政分权对经济增长质量的提升作用。郝永敬和程思宁（2019）以城市群为研究对象分析产业集聚、技术创新和经济增长的关系，研究发现产业集聚可以与技术创新产生良性互动，促进区域经济增长。张长征和施梦雅（2020）考察金融结构优化、技术创新与区域经济增长，研究发现技术创新 R&D 投入在融资结构与区域经济增长之间起到关键的正向中介作用。

其次是技术创新对经济增长影响的异质性研究。豆建春等（2015）研究发现，以效率为基础的技术进步可以促进劳均产出增长率，而且存在长期效应，但是否能促进人均收入增长率就取决于产品创新的相对速度，统一增长理论则认为，技术进步更多的是推动人均收入的增长（Galor & Weil，2000；Lucas，2002；Boucekkine，2002；Strulik，2003）。白俊红和王林东（2016）从区域异质性的角度出发研究创新驱动与经济增长质量之间的关系，结果表明创新驱动显著促进了经济增长质量，但是只有全国范围和东部地区的创新驱动对经济增长质量表现出了正向促进作用，中部和西部地区表现出了不显著和负向显著的结果。布伦纳等（Brenner et al.，2017）考察了科技服务业对不同区域就业增长的异质性，研究发现科技服务业对区域经济增长具有长期稳定的正向影响效果。

最后是技术创新的促进效应研究。陈乘风和许培源（2017）考察社会资本对经济增长的影响，并构建了技术创新作为中介的理论机制，结果发现社会资本对技术创新的作用越大，经济的创新率与经济增长率就越高。杨力等（2020）基于协同共生角度研究城市群技术创新与经济增长之间的关系，结果发现两者之间的阶段效率值存在空间异质性，经济增长产出阶段是创新效率提升的瓶颈。王智毓和冯华（2020）研究科技服务业发展对中国经济增长的影响，研究结论认为，科技服务业可以通过发挥技术创新效应和产业转型升级效应促进经济增长。

2.2.3　文献述评

目前关于经济增长与单变量之间的相关研究不是很多，大多研究某一变量对经济增长的作用中其他变量的中介效应或者路径机制。

首先是经济增长和产业结构之间的相关研究，通过梳理发现，产业结构对经济增长的影响作用大小及方向存在差异，尚无统一的定性结论，大多数的研究遵循"结构红利"假说，或者产业结构对经济增长的作用需要与其他工具协同。

其次是关于经济增长与技术创新，技术创新驱动经济增长毋庸置疑，但是一般很少单独研究技术创新与经济增长之间的关系，大多类似于产业结构的经济效应研究，考察技术创新在其他某些变量的经济增长效应中的作用机制或路径分析。

最后是关于经济增长的研究多数是比较笼统的在"量"上的研究，少数文献涉及对"质"的考察。事实上，经济增长应该是"质"和"量"的统一，发展的核心和关键要义也是"量"的合理增长和"质"的稳步提升兼容性发展。"量"的增长和"质"的提升两者相互作用和体现，要有量的增长才能有质的突破，体量的增长为质的改变奠定了基础，质的改变又体现了有效率的体量增长，"量"和"质"应该是辩证统一的同步推进，也更符合目前中国经济要实现高质量发展的关键要义，因此从"质"和"量"的二维视角研究经济增长更具理论和现实意义。

2.3 关于环境规制与经济增长关系的相关研究

目前关于环境规制和经济增长之间的相关研究已经很丰富，但是当处于不同经济发展阶段时可能面临的环境政策不一，差异化的环境规制政策、多样化的环境规制衡量指标以及不同的经济发展阶段等因素导致环境规制和经济增长之间尚未有统一的定性或定量的关系。

2.3.1 遵循成本假说

遵循成本假说认为，环境规制将企业污染的外部性成本内部化，排污企业增加污染成本，提高私人生产成本，从而对企业技术创新的资金产生"挤出效应"，降低生产率水平（Gray，1987；Barbera & McConnell，1990），导致企业竞争力下降。这些因受到环境规制约束的企业为了达到环境规制标准，不得不将技术创新投入转向污染排放治理（Kemp & Pontoglio，2011），末端污染排放治理挤占了技术创新投入，抑制了技术创新带来的经济增长，造成经济发展动力不足（Blackman et al.，2010），进一步抑制经济增长（Testa et al.，2011）。

一方面是环境规制影响竞争力。多博什（Dobos，2005）认为，市场型环境规制使企业的生产等相关成本上升，企业价值被降低，因此技术创新很有必要。乔根森和威尔科克森（Jorgenson & Wilcoxen，1990）对比分析环境规制对美国经济的影响，结果表明环境规制使美国经济增长率下降2.59%。利斯特和孔斯（List & Kunce，2000）以制造业为研究样本，发现环境规制降低了制造业的就业率，导致制造业在经济增长中的占比下降。沙德比安和格雷（Shadbegian & Gray，2005）认为，地区一旦开始实施环境规制，环境规制的遵循成本就会成为生产成本的一部分，企业不得不改变原有的生产决策，削弱企业的生产力，继而影响企业竞争力。拉蒙等（Lamond et al.，2010）认为，技术创新在高强度的环境规制下并没有发挥作用，遵循环境规制带来的昂贵成本弱化了企业收益，导致利润下降。

另一方面是环境规制影响生产率。拉诺伊等（Lanoie et al.，2008）基于制造业的研究样本考察环境规制与全要素生产率之间是否存在显著的作用关系，结果发现环境规制强度与制造业全要素生产率显著负相关。唐跃军和黎德福（2010）研究认为，传统的经济增长模型中涉及的生产要素中不包含环境要素，环境要素一直被视为外生变量，那么企业的成本和收益问题就应该被重新考量，否则就会影响市场发挥作用，出现无效率的经济增长现象。博库舍瓦等（Bokusheva et al.，2012）在瑞士实施环境规制期间发现，农场为遵守环境规制章程导致农业生产率下降。李胜兰等（2014）研究发现，环境规制对区域生态效率具有制约作用，可能是因为环境规制较为严格的地区，较高的环境规制遵循成本成为抑制规模性产出和经济长期增长的外部性因素，经济红利很难实现。

2.3.2 波特假说

波特假说认为，环境规制对经济增长的影响应该从两阶段考虑，短期内技术创新投入可能会增加企业生产成本，但是长期来看，技术创新的经济增长效应可以弥补前期的技术创新投入成本，总的来看，企业进行技术革新带来的创新补偿效应远远大于企业的遵循成本效应（Porter & Van der Linde，1995），因此不能简单用二分法将环境规制与经济增长放在对立面（Ambec & Barla，2002），而且"波特假说"也确实存在且有其适用性（Brunnermeier & Cohen，2003；Gustav et al.，2005；Hamamoto，2006；Arimura et al.，2007）。

首先是波特假说的存在性检验。张华和魏晓平（2014）研究认为，环境规制可以促进产业结构向高级化调整，并诱发技术创新行为，改变了之前产业结构和技术创新对碳排放的作用方向，但同时弱化了其他某些方面的效应。颉茂华等（2014）研究发现，环境规制的技术创新效应具有行业异质性，只在重污染行业中起到促进作用，但是存在滞后。原毅军和谢荣辉（2015）考虑能源要素投入以及经济"坏"产出的情况下，研究环境规制与工业绿色全要素生产率增长之间的关系，研究发现环境规制与绿色全要素生产率之间存在显著的正向相关关系，在生产率层面检验了"波特假说"的存在性。以市场型环境规制为研究对象，涂正革和谌仁俊（2015）将二氧化硫排污权交易作为市场型环境规制的典型代表，检验市场型环境规制是否能诱发技术创新效应，研究结果发现，无论从现实还是潜在的角度观察，以二氧化硫排污权交易为代表的市场型环境规制在中国并不存在波特效应。但是，齐绍洲等（2018）却得出了截然相反的结论：市场型环境规制的绿色创新行为发生在试点地区的污染行业。基索（Kiso，2019）研究环境或能源效率法规是否引发了技术创新，结果发现由法规引起的燃油效率方面的技术进步使日本汽车的平均燃油经济性至少提高了3%~5%。维索金斯卡（Wysokińska，2020）对环境保护和循环经济领域的跨国法规进行回顾，认为循环经济是一种新兴资源节约型发展模式，不仅可以带动经济发展，也有助于创新新产品。

其次是波特假说存在的特定条件研究。刘和旺等（2018）研究发现，2006年之后随着环境规制强度的不断增加以及相关政策的有效实施，"波特假说"才存在，而且也要区分企业性质和行业属性。沈能和刘凤朝（2012）研究发现，要想实现"波特假说"需跨过环境规制强度的特定门槛值。张娟等（2019）从宏微观经济视角探索政府环境规制对绿色技术创新的影响，理论上证实了当期环境规制与绿色技术创新之间呈非线性关系，滞后一期的效应仍然存在，进一步在宏观层面实证检验了"波特假说"的存在性。黄金枝和曲文阳（2019）检验"波特假说"在资源严重依赖型的东北老工业基地是否成立，结果发现环境规制促进了地级市层面的全要素生产率和技术创新效率，成为地区经济发展的内生动力。王晓祺等（2020）检验在企业绿色创新方面新的《环保法》是否存在政策驱动效果，结果发现新《环保法》能够发挥"波特效应"，即倒逼重污染企业进行绿色创新。

最后是波特假说的类型。考虑环境规制手段的异质性，叶琴等（2018）研究发现，"波特假说"的成立存在时间上的约束条件，即环境规制对当期的技术创新是显著的负向抑制效果，却显著促进了滞后一期的技术创新，而且命令型环境规制的"波特假说"效应明显大于市场型环境规制。康志勇等（2020）将"波特假说"分为"弱波特假说""狭义波特假说""强波特假说"三类，检验三种不同类型的环境规制对企业创新的作用是否存在差异，研究发现"波特假说"存在类型上的差异，存在"狭义波特假说"和"强波特假说"，"弱波特假说"却不成立，但是仍有学者经验上支持了"弱波特假说"的成立（Johnstone，2010）。

2.3.3　相容发展

关于经济增长与环境改善相容的研究，一直是环境经济学界致力于研究的热点和焦点话题。近年来，关于环境保护与经济增长之间无法兼容性存在的观点也一直存在，最为典型的就是对环境库兹涅兹曲线是否成立的检验，内容主要包括污染排放与经济增长（Grossman & Krueger，1995；Buehn & Farzanegan，2013）、能源消耗与经济增长（俞毅，2010；Kaika & Zervas，2013）等。但是，目前关于两者的相容发展研究也得到了关注，即环境保护的同时可以实现经济正向增长。

一方面是两者的非线性关系。目前关于环境库兹涅兹曲线的检验结论也尚未达成共识，环境规制与人均收入之间关系存在不确定性，当经济增长水平严重滞后于环境保护或者环境保护严重滞后于经济增长时，低效率的资源和要素利用率以及无节制的污染物排放将会导致环境质量断崖式下降（Focacci，2005；Wagner，2008），反倒不会有拐点值的出现。熊艳（2011）利用省级层面数据检验环境规制对经济增长的影响，结果发现两者并非是单纯的线性关系，而是存在"U"型的非线性关系，且为"遵循成本"和"创新补偿"提供了研究基础。范丹和孙晓婷（2020）研究发现，环境规制促进绿色经济发展存在特定的环境规制发展阶段，当环境规制超过特定的阈值才会显现促进作用，且在不同发展阶段的经济体制内环境规制强度与绿色经济发展呈现非线性关系。恩哈兹等（Enhaz et al.，2020）研究了影子经济和环境污染对能源股票价格的动态影响，发现二氧化碳排放对能源股票价格的负面影响。影子经济与能源股价格之间也存在"U"型关系。

另一方面是两者的线性关系。刘耀彬和熊瑶（2020）研究发现，在高于全国人类发展指数的地区，其环境规制对经济发展质量有显著的促进作用。但是，尹庆民和顾玉铃（2020）却认为，可能由于环境规制的修正成本较大，环境规制在某种程度上会出现环境规制抑制绿色经济效率的阶段。宋马林和王舒鸿（2013）研究认为，东部地区的环保技术应该向西部地区转移，加强西部地区的环境规制实现整体环境经济增长。谢婷婷和刘锦华（2019）检验绿色金融这一市场型环境政策对绿色经济增长的影响作用，结果发现借助市场手段的力量可以显著促进绿色经济增长。王林辉等（2020）研究技术进步转向时经济增长和环境质量的动态演化过程，发现多元主体参与的环境政策可以实现经济增长和环境保护的协同推进，而单一的政策干预往往很难达到协同发展的效果。范庆泉等（2020）认为，在环境污染得到有效治理的前提下，环保税和政府补贴的政策组合可以有效应对环境污染突发事件，尤其是在清洁行业，双重政策组合使清洁行业中的技术水平不断提升，拉动了高质量的经济发展。克姆和摩尔（Nkm & Rkm，2019）使用 Malmquist 生产率指数对经济合作与发展组织国家的能源和环境效率进行了分析，发现循环经济带动的经济发展对环境的不良影响最小。海伦德等（Helander et al.，2019）研究循环经济如何减轻环境压力，发现从循环经济的角度出发环境压力与材料使用密切相关，如果要降低环境压力，需对材料的流通和有效利用加以管制。同样，霍布森（Hobson，2021）研究了严格的环境政策与循环经济之间的关系，认为循环经济旨在重新配置资源并从中提取价值，严格的环境政策可以加速资源循环利用。

2.3.4　文献述评

从遵循成本假说到波特假说再到协同共融，环境规制与经济增长之间的关系经历了长足的发展，也一直是环境经济学领域关注的热点话题。实现环境保护和经济增长之间的共融和协同发展是当前绿色发展以及绿水青山就是金山银山核心和本质，也是习近平生态文明思想的重要理论和实践命题。在绿色和高质量发展的背景下，环境规制政策和制度的创新和改革无疑要兼顾地区经济发展和环境保护状况，从环境质量改善和提升经济增长二维视角考量环境规制政策效果。

传统的环境与经济关系的理论基础为环境质量与经济发展此消彼长的环境库兹涅兹曲线（EKC），中国环境问题的压缩性和复杂性使环境—经济关系呈现多样性，先后经历了环境服从经济发展、环境滞后经济增长以及环境融入绿色发展三个阶段的动态演进，目前有关环境与经济二者关系的研究也尚未形成系统化的理论体系。从环境规制与经济增长相容发展的文献梳理来看，二者融合发展的路径与机制或许会成为一种新的研究趋势。

第 3 章　现状与理论

由第 2 章的文献梳理可知，环境规制经历了长足的发展演变，其衡量指标也变得越来越多样化，经济增长的相关研究也是越来越丰富，由单一变量的研究逐渐过渡到双重维度的研究，本章拟从环境规制现状、经济增长现状以及这两者的理论基础三个方面展开论述。

3.1　环境规制现状

按照主流对环境规制的分类，本部分将从命令型环境规制、市场型环境规制和公众参与型环境规制描述目前中国环境规制现状。

3.1.1　命令型环境规制

目前关于命令型环境规制的衡量多是从以下角度展开：企业单位成本或产值的治污投资（Gary，1987；Berman & Bui，2001；Lanoie et al.，2008）、污染治理设施运行费用（赵红，2007；张成等 2010）、人均收入水平（Antweiler et al.，2001；陆旸，2009）、环保督查次数（Brunnermeier & Cohen，2003）、污染排放量（Sancho et al.，2000；Domazlicky & Weber，2004）等。从不同的角度进行考量，命令型环境规制的度量也呈现多种差异化的结果。

　　在对命令型环境规制现状描述之前，本节先对相关指标的现状进行描述。首先是历年工业二氧化硫排放量均值，如图 3.1 所示。

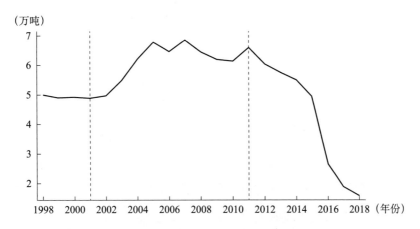

图 3.1　1998～2018 年工业二氧化硫排放量均值
资料来源：1999～2019 年《中国统计年鉴》。

　　由图 3.1 可知，1998～2018 年中国工业二氧化硫排放量变化经历了先上升后下降的过程。1998～2001 年中国经济发展水平相对稳定，高耗能产业发展相对不足，对自然资源的利用相对较小，污染排放量呈现平稳态势，经济和环境处于相对平衡状态。2001 年中国正式加入世界贸易组织成为经济发展重要的转折点，在 2001～2011 年的 11 年间中国经济保持快速平稳增长，持续时间长且稳定性好，经济增速最高的年份出现在 2007 年，增长 14.2%（李善同等，2012）。在这期间中国综合国力不断增强，主动承接国际产业转移，出口拉动的外向型经济占比不断增加，对外贸易以及双向投资不断扩大。与此同时，中国经济结构发生显著变化，2001 年国内生产总值三次产业构成为 14.4∶45.2∶40.5，2011 年国内生产总值三次产业构成为 10.0∶46.6∶43.4①，从官方数据披露来看，第一产业构成比例有所下降，第二产业和第三产业的构成比例均有不同程度的提高。随着中国经济的持续高速发展，伴随的也是污染物的高排放量，工业二氧化

———————————

① 数据来源于 2012 年《中国统计年鉴》。

硫排放在此十年间呈波动式增长,并在 2007 年达到了排放峰值,导致中国环境质量严重下降,大量资源被消耗,生态环境被严重破坏,与经济社会的快速增长相背离(王金南等,2016),导致环境保护与经济社会发展的结构性矛盾十分突出。

2007 年推进生态文明建设成为全面建设小康社会的目标之一,实现建立资源节约型和环境友好型社会的目标前提是要考虑自然资源环境因素以及发展的可持续性。2011 年为"十二五"规划的开头之年,纲要文件中指出工业结构要持续优化,资源环境约束越来越严重,环境问题开始逐步显现,绿色发展的概念逐步融入生产生活。党的十八大以来,生态环境质量持续好转,二氧化硫排放量也开始下降,但成效并不稳固,仍然存在整体好转局部恶化的现象,粗放型生产发展方式使环境污染愈发严重的趋势未得到根本上遏制。2014 年中国在世界城市空气质量报告中排名倒数第五,雾霾污染时有发生,尤其是京津冀等地区问题十分突出,"十三五"时期环境治理形势很严峻,资源消费不断攀升以及人民群众对环境高质量的需求成为环境治理过程中的新压力。为了有效应对环境治理压力,《环境保护法》将环境污染写入法律,违法违规排放污染物将承担法律责任,因此 2015 年工业二氧化硫排放量出现断崖式下降。

其次是历年工业废水排放量的现状描述,如图 3.2 所示。诸如图 3.1 的历年工业二氧化硫排放量,图 3.2 的历年工业废水排放量也出现了比较明显的阶段性特征。1998~2000 年工业废水排放量出现了明显的下降过程,由于工业废水排放与工业经济发展水平密切相关,在工业发展增速不明显的时期,工业废水排放水平基本也不会出现激增现象。2001~2010年,同样是在中国加入世界贸易组织的十年间,对外贸易、经济体制改革与外商直接投资等因素对经济的拉动作用比较明显,经济较入世之前有较大的波动式增长,工业发展占主导的产业结构发展模式一直持续,工业发展增长速度和整体水平提升十分迅速且已具相当规模(曹建海,2001),

但仍存在一些问题。如经济增长方式主要还是粗放型经济增长，低水平的生产能力过度扩张，传统产业以及一些附加值低和基本没有技术含量的产业发展相对过剩，而那些高附加值以及高技术含量和新兴技术产业发展能力相对不足，导致产业供给与不断升级的产业需求失衡。此阶段的工业污染排放量也在不断增加，包括工业废水排放量也容易出现波动式增长。

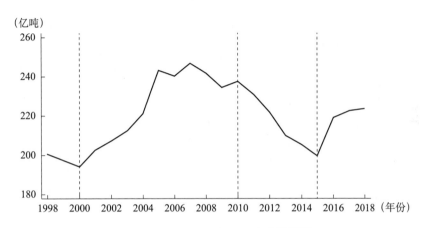

图 3.2　1998～2018 年工业废水排放量

资料来源：1999～2019 年《中国统计年鉴》。

2012 年党的十八大以来，生态文明建设和环境保护不断被赋予新的理念和论断要求（周生贤，2015），经济发展和环境保护的关系从"轻环保重经济""先污染后治理"等过渡到经济发展与环境保护要协调发展，坚持保护优先、预防为主，区域联防联控治理机制也在不断完善。在治理水污染方面，2003 年浙江省率先实行"河长制"，"河长"的主要负责人是各级党政干部，管理和保护各自负责的河湖。为切实加大水污染的防治力度，2015 年开始实施《水十条》，切实保障水体质量安全。2016 年《关于全面推行河长制的意见》颁布，进一步推进了对河流的治理和保护，水生态补偿机制正在推动建立。水环境质量差、水生态受损将严重影响到公众的用水安全，水污染防治关系到人民大众生命安全，影响到生态文明建设进程，因此在"十二五"期间，工业废水排放量基本呈现直线下降状态。但是，由图 3.2 可知，从 2016 年开始，工业废水排放又出现小幅度反弹现象，主要由于中国环境规制日趋严格，多数企业可能无法承担高昂的外部性成本或为控制经济成本放松了对废水的处理管控，继而出现企业工业废水的偷排现象。

关于命令型环境规制的衡量，并结合数据的整理情况，本节借鉴科尔和埃利奥特（Cole & Elliott，2003）、张文彬等（2010）的衡量方法，选择用工业增加值与污染排放量的比值进行衡量。原因如下：命令型环境规制主要是政府通过环境标准、排放限值等对企业的排污直接管制来限制污染企业的污染物排放，污染排放量下降就是最直观的表现。如果命令型环境规制越严格，单位工业增加值的污染排放量就越少，即单位工业污染物排放量带来的工业增加值越多。本节将从工业二氧化硫排放和工业废水排放两个角度衡量命令型环境规制，具体如图 3.3 和图 3.4 所示。

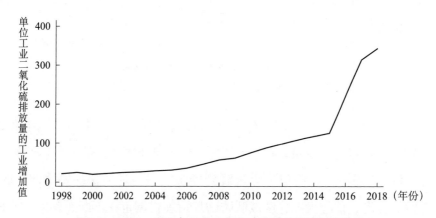

图 3.3　1998～2018 年工业二氧化硫排放的环境规制强度

资料来源：1999～2019 年《中国统计年鉴》。

图 3.3 为历年工业二氧化硫排放的环境规制强度指标图，由图可知，环境规制强度呈现逐年递增现象，这也符合中国关于空气污染治理的趋势和现状。当前快速的工业化和城镇化进程导致巨大的能源消耗，中国空气污染现状十分严重，尤其在工业发展相对较快的城市，在同类型城市中工业二氧化硫污染保持在较高水平。贾亚昌德兰（Jayachandran，2009）基于离散模型从居民健康的视角研究发现，短期内污染的急剧增加显著增加

了婴儿的死亡率，而且生活在空气污染较为严重地区的居民健康水平可能会有所下降（李梦洁和杜威剑，2018）。因此，空气环境污染关乎人民群众安全，必须引起足够的重视。2013 年《大气污染防治行动计划》颁布，随后几年的空气污染治理要求越来越严格，但是由于经济发展程度差异、地理空间位置不同以及污染因素的复杂性，空气污染治理效果相对比较滞后，污染防治攻坚战仍面临较多的困境。

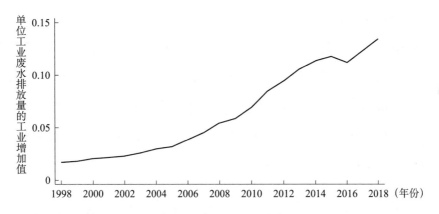

图 3.4　1998～2018 年工业废水排放的环境规制强度

资料来源：1999～2019 年《中国统计年鉴》。

图 3.4 为历年工业废水排放的环境规制强度图，从工业废水的角度衡量命令型环境规制的强度发现环境规制强度也是逐年趋严。污染企业工业废水中污染物含量比较复杂，包含物理、化学等成分，会出现有机污染物、放射性污染以及各类病原微生物与病毒等，如果废水未达到专业排放标准直接排入河流，对水域流体的污染可能会造成不可逆的结果。快速推进的工业化进程是工业废水排放的主要因素（章渊和吴凤平，2015），另外多维度城镇化建设的推进给水体环境治理带来了巨大压力，水体污染目前也成为严重制约中国经济发展的瓶颈（章恒全等，2019）。目前，中国《环境保护法》《水污染防治法》等法律法规都对具体污染物的排放做了明确的规定，2012 年山东环保法庭判决一起事关环境污染的公益公诉案，被告因倾倒工业废水污染土地被判罚 742 万余元，主要用来修复和治理被

污染的土地。由此可知，关于水体污染的环境规制强度越来越严格，不仅有道德层面的约束，更是有法律层面的规范。

3.1.2　市场型环境规制

市场型环境规制目前主要有排污权交易、生态补偿、绿色金融等，受限于生态补偿和绿色金融相关数据难以获取，本节以排污权交易作为市场型环境规制的代表进行阐述。

所谓排污权交易，主要是指在某个特定区域，政府限定污染排放上限，在不超过污染排放上限的前提下，企业之间可以进行多余排污权的交易，以达到降低污染的目的，从而实现环境保护。其中心思想就是建立合法的排污权交易市场，规定合理的排污交易价格以此达到污染减排的目的。排污权交易主要是借助市场的力量进行污染减排和环境保护工作，主要目的是在总量上控制污染物的排放。目前，排污权交易是一项受到广泛关注的环境经济政策，在某种程度上改善了传统环境治理政策消极和滞后的缺陷（杨朝飞等，2010）。自 2007 年以来，有关部门组织包含浙江、湖南和内蒙古等共 11 个省和自治区开展排污权有偿使用和交易试点，考察市场型环境规制的污染治理效果，之后又颁布与排污权有偿使用和交易密切相关的政策和意见，不断优化市场型环境规制机制，鼓励企业自主参与排污权交易并督促试点地区高质量完成排污权交易的核定工作，进一步要求在 2017 年年底完成排污权有偿使用和交易制度的建议工作。

与传统的命令控制型环境政策不同，以二氧化硫排污权交易为代表的市场型环境规制主要依靠市场的调节作用，有其独有的特征。

（1）能最大限度降低企业污染控制的社会成本。在污染减排过程中，污染减排的成本是企业参与排污治污需要考量的因素。由于企业在生产过程中的原材料、技术投入、污染设备处理以及企业规模等因素存在差异，不同企业的污染治理边际成本不同，这为排污权交易的实施奠定了客观事实和基础。通过构建排污权交易市场，污染治理边际成本较低的企业将利用市场机制的调节作用达到污染总量控制目标。

（2）为企业完成污染减排任务进行经济激励。传统的命令型环境规制对企业进行强制污染减排，但是企业污染治理需要大量的基础设施、技术和人员的投入，受限于这些因素或其他因素的影响，企业往往不能按时完成污染减排目标。排污权交易试行后将改变这一被动局面，在污染总量控制的前提下为企业污染减排提供了新的路径，而且还可以出售多余的排污权，间接弥补了前期污染减排成本，还可以进一步为企业经济发展腾出空间。

（3）排污权交易并不适用于所有的污染物。排污权交易只适合污染物排放总量可以量化控制的类型，控污目标明确且能够具体量化。排污权初始配额分配、污染物排放量的准额计量、污染数据的精确统计等都需要有专业化的技术支撑条件，缺乏科学性和合理性的交易机制设计都会导致交易效率低下或者交易市场没有交易量。排污权交易只是众多环境污染治理政策中的一种，相比于命令型环境政策，排污权交易具有效率性、经济性和灵活性的特征。

面对二氧化硫污染排放日益加剧的局面，早期美国联邦环保局制定并颁布了《清洁空气法》，在完成《清洁空气法》设定的空气质量目标过程中提出了排污权交易理论。目前排污权交易在中国的实施已经具备了一定的实践基础，具体见表3.1。

表3.1　　　　　　　　　　　　国内的排污权实践

年份	地点	内容
1988	—	《水污染物排放许可证管理暂行办法》颁布，排污单位间可交易水污染指标
1994	包头、开远、柳州、太原、平顶山、贵阳	开展大气排污交易政策试点
2001	江苏省南通市	中国首例排污权交易实施

年份	地点	内容
2002	山东、山西、江苏、河南、上海、天津、柳州	实施二氧化硫排污总量控制目标，并开展排污交易试点工作
2003	江苏、南京	跨区域排污权交易的先例
2007	浙江嘉兴	标志着中国排污权交易逐步走向制度化、规范化和国际化
2007	江苏、天津、浙江、河北、山西、重庆、湖北、陕西、内蒙古、湖南、河南	批复的二氧化硫排污权交易试点省份，涉及钢铁、水泥、玻璃、化工、采矿等多个行业
2014	—	确定二氧化硫排污权交易试点将于 2017 年在全国铺开

资料来源：笔者根据相关资料整理所得。

由表 3.1 可知，中国很早就已经开始接触排污权管理，后来逐渐开展针对大气污染治理的排污权交易试点政策，直至 2001 年中国才开始在江苏省南通市实施首例排污权交易，之后逐渐扩大试点范围和涉及的行业。目前，中国排污权交易的实施还具有很大的进步空间，但同时也面临巨大的障碍，比如现行的环境管理政策可以为排污权交易提供良好的技术支撑和管理条件，排污权交易也在电力行业表现出了显著的经济效益（杨朝飞等，2010），但是目前保障排污权交易顺利推行的法律法规不够健全，企业排放配额分配方法不完善，排污权交易价格机制不健全，且存在政府过度干预现象。

当然，市场型环境规制除了排污权交易之外还有生态补偿、绿色金融等类型，其中生态补偿涉及利益相关者问题，当环境保护带来的经济激励无法在环境保护的实施方和环境保护的破坏方均衡分配时，导致受益者无偿享受环境保护带来的正外部性利益，环境保护者得不到应有的经济激励等。为了维护环境保护者的相关利益，生态补偿也被写入相关政策中，主要的依据原则是"十一五"规划中提及的"谁开发谁保护、谁受益谁补偿"的机制。目前国内涉及的生态补偿问题的类型主要包括区域补偿、重要生态功能区补偿、流域补偿和生态要素补偿等。而绿色金融是指为支持环境治理、气候变化，对绿色建筑、绿色交通、清洁能源发展等一系列经济活动提供金融服务。金融部门在提供相关金融服务时会考虑项目的环境保护问题，在投融资决策中考虑到环境污染的影响，把与环境保护相关的成本、风险和回报等都融合在日常的金融服务中，是有别于传统金融的一种新型金融模式。

3.1.3　公众参与型环境规制

公众参与环境保护，是构建多元化主体参与环境治理体系的重要组成部分，在借鉴国外环境改善过程中公众参与治理的经验以及最新的发展趋势，充分考虑中国东中西部地区经济发展和环境保护现状的基础上，2014年《关于推进环境保护公众参与的指导意见》（以下简称《意见》）颁布，对公众参与环境保护的知情权、监督权和表达权等相关权利作了明确说明。当前，中国环境治理过程中主动参与的公众比较少，多数没有实质性的参与环境治理工作，大部分地区的公众参与都处于被动地位，往往是在生活环境遭到污染和破坏之后才参与末端治理，且参与形式比较单一，缺乏公众参与的广泛性和有效性。针对目前公众参与的弊端，《意见》明确了如何畅通公众参与环境保护的表达及诉求渠道、如何保障社会参与环境保护的非政府力量的相关权益等在内的多项任务，也强调了公众可以参与环境治理的重点领域，包括环境法规的制定、环保的宣传教育和环境的监督等。《意见》的出台对公众参与环境治理并合理表达诉求起到了推动作用，也在一定程度上缓解了政府对环境监管的压力，对今后构建新型环境治理政策模式等具有积极意义。

目前，越来越多的环境"邻避"现象等都是由于公众对环境的诉求无法得到合理的表达，诉求得不到及时反馈和充分的满足导致的，因此在2015年《环境保护公众参与办法》颁布。与早期公众参与环境保护的政策文件不同，该办法在具体措施上做出了根本性的调整和规定。该办法的原则依据比较强，在参考过去出台的相关文件以及地方的规章制度基础之上，较好地反映了中国公众参与环境治理的现状以及应对的措施，可操作性比较强，其参与形式也比较广泛，包括问卷调查、组织召开座谈会和听证会等方式，并对各种方式均做了详细的规定，保证了参与的科学规范性以及渠道多样性，为合理满足公众对环境的诉求提供了保障。

2005 年，环保局对圆明园环境整治工程的环境影响举行公开听证，听证会邀请了相关媒体和社会各界代表参与，是公众参与环境保护的标志性事件。近年来，随着听证会的成功召开，环境保护部门在推动公众主动参与环境保护方面不断探索，先后出台了《环境影响评价公众参与暂行办法》等一系列政策文件，均对公众如何参与环境保护做出了详细的规定。地方层面也是不断探索能让公众更好参与环境治理的途径，河北、山西、沈阳、昆明等省市相继出台了不同形式的条例或法规，对公众参与环境保护作出相关说明。为了让公众参与环境保护更加规范化、合理化等，条例或法规在公众可具体参与的包括参与范围、参与形式、参与内容等有详细的规定，也为其他省市提供了重要的参考和借鉴价值。

3.2 经济增长现状

改革开放 40 多年以来，快速的工业化进程使中国经济经历了从稳定式增长到飞跃式增长再到高质量增长的过程，经济增长正逐步实现从"量"到"质"的推进，本部分从经济增长的"量"和"质"两个方面描述经济增长现状。

3.2.1 经济增长的"量"

从 1978 年改革开放以来，中国经济迎来了高速增长期，经济规模体量不断扩大。本节选择用地区国内生产总值衡量经济增长在数量上的变

化，为消除经济指数型增长趋势，本节对国内生产总值取对数处理，结果
见图 3.5。

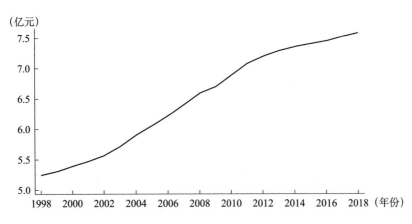

（亿元）

图 3.5　1998～2018 年经济增长数量
资料来源：国家统计局网站。

由图 3.5 可知，1998～2018 年经济增长数量不断攀升，这得益于中国
持续深化的改革开放，不仅带动国内市场活力，也不断在拓展国际市场，
经济增长方式也在不断转变，国内消费持续释放活力，出口拉动经济增长
占比不断攀升。

1978 年中国开始实行对内改革、对外开放的发展政策，用市场调节
和政府调控相结合的方式，从需求端入手，刺激投资高速增长，进而带动
经济高速增长（陈璋和唐兆涵，2016）。2013 年 12 月，中央经济工作会
议首次提出"新常态"的表述。中国经济发展形态正在由低级向高级迈
进，经济发展分工演化更趋复杂，经济发展的产业结构变迁更加合理，经
济增长速度由高速增长转向中高速增长最终实现稳增长，经济发展方式由
粗放型增长转向质量效率型集约增长，并不断涌现新的经济增长点，经济
增长新动能也被挖掘。同年，随着"一带一路"国家级顶层合作倡议提
出，依靠双多边机制，借助双多边区域合作平台，中国与"一带一路"
沿线 50 多个国家建立了紧密的经济合作伙伴关系。2015 年，为解决经济
运行矛盾，供给侧结构性改革应运而生。为保持经济能够实现稳增长，国

家出台了一系列经济发展措施，集中解决了经济运行中的突出矛盾，让经济增长在"量"上能满足现实需求。

从经济结构中的产业贡献率来看，中国前期的工业化进程速度很快，在经济增长中第二产业的贡献率长期居于首位，第三产业贡献率前期呈现小幅度波动式增长，但在后期超越了第二产业成为发展新动力，第一产业的发展处于长期稳定的状态，具体见图3.6。

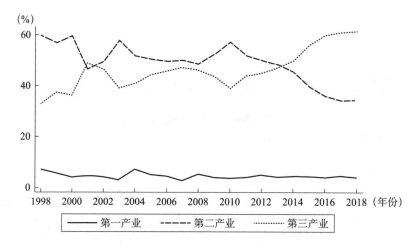

图 3.6　1998～2018 年三次产业贡献率

资料来源：国家统计局网站。

由图3.6可知，随着经济体量的不断扩大和产业结构的合理性变迁，第三产业对经济的拉动作用逐渐增强，从整体来看，对经济增长在体量上是明显的正向拉动过程，由此可知产业结构向高级化的调整是实现经济增长的重要路径（杨仁发和李娜娜，2019）。

当工业占据主导发展地位时，也是经济增长速度相对比较快的阶段，随着诸如"数字经济""共享经济""服务经济""智能经济""绿色经济"等经济发展新业态的兴起，经济增长换挡降速，进入新常态。虽然经济增长速度放缓，但经济体量一直在增加，经济开始迈向"稳"增长阶段。随着中国越来越重视技术创新，对技术创新的投资越来越多，技术创新成果应用型转化比例大幅增加，创新型驱动对经济增长的作用明显。

在优化产业结构的同时注重技术创新的吸收力，使得二者对经济增长的作用力达到最优是中国经济增长的一个主要亮点。此外，还要考虑到经济增长、产业结构调整和技术创新的空间关联性，尽量将负向的空间关联因素最小化，使得经济增长得到合理布局，避免整体向好局部失衡的现象出现。

3.2.2　经济增长的"质"

党的十九大报告指出，中国经济已经迈进了高质量发展阶段，正在向新的增长方式转变。经济增长有两种主要变动方式：一种是经济产出规模的扩张，在"量"上的突破；另一种是有质量的经济增长，在"质"上的提升。上述部分已经对经济增长的"量"进行了现状描述，现对经济增长的"质"进行宏观考察。

本节将经济增长的质量定义为在保证经济稳增长的前提下能够很好地兼顾环境质量变化，严成樑（2020）也认为，经济增长理论的发展过程是人们对全要素生产率认识深化的过程，因此本节用绿色全要素生产率衡量经济增长的"质"。在衡量经济体的效率和生产率的研究中，DEA 方法得到了普遍的应用，但传统的 DEA 方法仍存在诸多缺陷，比如传统的 DEA 只考虑到劳动、资本和技术等投入以及经济体量和收益等正向产出，希望评价单元可以用较少的投入得到较高的产出。但是现实经济体在运行的过程中，非期望产出总是伴随期望产出，且该方法的评价容易受到极值的影响，径向的 DEA 效率测度就不能准确计算评价单元的效率值（屈小娥，2012），而且这种影响在面板数据处理时会被放大。因此，在考虑环境因素有非期望产出的效率评价时，多数选择用托恩（Tone，2001）提出的非角度和非径向的 SBM 模型对经济增长质量进行测度（屈小娥，2012；黄清煌和高明，2016；林春，2017；王军和李萍，2018；孙英杰和林春，2018）。

假设共存在 n 个地级市单元，每个地级市单元都包含有投入、期望产出和非期望产出，SBM 模型的一般形式为：

$$\tau = \min \frac{(e+f)\left(1 - \frac{1}{i}\sum_{j=1}^{i}\frac{e^{-}}{x_j}\right)}{(e+f) + \left(\sum_{k=1}^{e}\frac{e_k^a}{y_k^a} + \sum_{l=1}^{f}\frac{f_l^b}{y_l^b}\right)} \qquad (3-1)$$

其中，i、e 和 f 分别表示地级市单元的第 i 种投入、第 e 种期望产出和第 f 种非期望产出，x 组成投入向量 X，y 组成产出向量 Y，上角标 a 代表期望产出，上角标 b 代表非期望产出，τ 代表目标效率值，取值范围为 $[0, 1]$，约束条件为：

$$x = \delta X + \lambda^{-} \qquad (3-2)$$

$$y^a = \delta Y^a + \lambda^{a-} \qquad (3-3)$$

$$y^b = \delta Y^b + \lambda^{b-} \qquad (3-4)$$

$$\delta \geq 0; \lambda^{-} \geq 0; \lambda^{a-} \geq 0; \lambda^{b-} \geq 0 \qquad (3-5)$$

其中，δ 表示权重向量，λ^{-}、λ^{a-}、λ^{b-} 表示投入、期望产出和非期望产出的松弛变量。由于经济增长的"质"考虑环境要素，就会存在非期望产出的过程，地级市之间的差异性可能导致不同地级市的绿色全要素生产率同时出现在 DEA 前沿面，不同的地级市单元绿色全要素生产率同时有效，此时的效率估计存在偏差，需要剔除地级市单元 (x, y) 的有限生产可能集：

$$P \setminus (x,y) = \left\{ (\bar{x}, \bar{y}^a, \bar{y}^b) \Big| \bar{x} \geq \sum_{j=1}^{m} \mu_j x_j, \bar{y}^a \right.$$

$$\left. \leq \sum_{k=1}^{m} \delta_k y_k^a, \bar{y}^b \leq \sum_{l=1}^{m} \delta_l y_l^b, \bar{y}^a \geq 0, \bar{y}^b \geq 0, \mu \geq 0 \right\}$$

$$(3-6)$$

此时，SBM 模型的一般形式发生变化，数学非线性规划为：

$$\tau' = \min \frac{\frac{e+f}{i}\sum_{j=1}^{i}\frac{\bar{x}_j}{x_j}}{\left(\sum_{k=1}^{e}\frac{\bar{y}_k^a}{y_k^a} + \sum_{l=1}^{f}\frac{\bar{y}_l^b}{y_l^b}\right)} \qquad (3-7)$$

$$\text{s. t.} \quad \bar{x} \geqslant \sum_{j=1}^{n} \delta_j x_j \tag{3-8}$$

$$\bar{y}^a \leqslant \sum_{k=1}^{n} \delta_k y_k^a \tag{3-9}$$

$$\bar{y}^b \leqslant \sum_{l=1}^{n} \delta_l y_l^b \tag{3-10}$$

$$\sum_{j=1}^{n} \delta_j = 1 \tag{3-11}$$

$$\bar{y}^a \geqslant 0, \bar{y}^b \geqslant 0, \delta \geqslant 0 \tag{3-12}$$

SBM 模型较好地处理了投入产出变量的松弛性问题，而且可以根据目标效率值 τ' 进行排序，能更好体现出效率值的本质属性。

对于投入与产出指标的选择，本节将固定资产投资、能源和劳动作为投入变量，把地区生产总值作为期望产出，非期望产出为工业二氧化硫排放量和工业废水排放量。其中，固定资产投资额、就业人员（劳动力）和地区生产总值来源于 wind 数据库，工业废水排放量和工业二氧化硫排放量来源于《中国城市统计年鉴》，能源数据来源于中经网数据库，测算中国历年经济发展质量均值如图 3.7 所示。

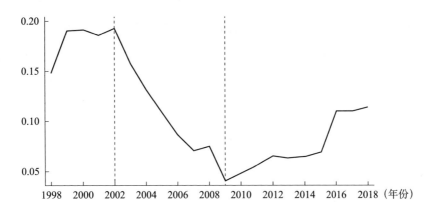

图 3.7　1998～2018 年经济增长质量平均值

资料来源：根据 wind 数据库、中经网数据库和《中国城市统计年鉴》相关资料整理所得。

考虑到环境因素，发现中国历年经济增长质量出现明显的阶段性波动，1998～2002 年，中国经济增长质量最高，在该阶段经济增长加速，环境保护服从于经济增长，虽然环境污染问题开始显现，但是有环境承载力和环境的自净化能力，该阶段的环境质量相对较好。随着经济增长进一步加速，环境保护的巨大压力开始显现，环境质量改善开始得到重视，但环境保护仍滞后于经济增长，两者处于失衡状态。经济增长虽然可以为环境保护提供资金保障，但该阶段的环境质量改善效果不佳，"十五"期间部分污染减排目标未完成，一系列高耗能、高污染和高排的电力、水泥和化工等行业随着大规模的基础设施建设出现，对环境造成了严重的污染。《中国环境经济核算研究报告 2007～2008》数据显示，2004～2008 年的 5 年间，环境退化成本和虚拟治理成本几乎翻倍上涨（於方等，2012；吴舜泽等，2018），经济增长的高速时期同时也是环境保护最艰难的时期，经济高速增长对环境保护的剧烈冲击，导致污染排放居高不下，环境污染事件频频发生，环境保护远远滞后于经济增长。

随着环境污染导致的负面冲击越来越大，环境保护开始逐渐得到重视。2010 年经济增长质量开始有所好转，2012 年中国经济开始进入新常态，经济增长速度开始进入中高速阶段，环境保护受到了前所未有的重视。2012 年党的十八大，党中央把生态文明建设纳入"五位一体"布局，生态文明建设上升为国家战略。2013 年冬季我国中东部地区出现大范围重污染天气过程，尤其是北京平均每 6～7 天就经历一次重污染过程，环境保护迫在眉睫，《环境保护法》等多个环境法律法规不断颁布和出台。2015 年中央开始启动环保督查，环保督查期间，对存在环境问题的区域直接问责主要责任人，落实和解决群众反映的环境污染问题，目前已全面覆盖所有省份（吴舜泽等，2018；刘奇等，2018）。2017 年"污染防治攻坚战"作为三大攻坚战之一被写入政府工作报告，绿水青山就是金山银山的绿色发展理念得到深入推广，环境保护越来越具备话语权，环境保护和经济发展协同推进的理念得到普及，环境质量也逐渐得到改善。理论上，尽管经济增长的数量与质量存在阶段性差异，但经济增长的演进过程依然表现为两者的统一（郝颖等，2014）。

3.3 理论推导

市场型环境规制作为中国环境治理的试点工具和手段，最终目标就是要服务于经济增长（范丹和孙晓婷，2020），近年来，许多学者也从不同的角度考量环境规制与经济增长之间的关系，主要形成三种不同的观点：第一，环境问题产生负外部性，导致企业生产成本增加从而降低企业收益，环境改善的同时不可避免削弱了企业竞争力，对经济社会发展产生负面影响（Kiuila & Peszko，2006；Millimet & Roy，2016）。第二，环境规制对经济发展的影响要从动态影响的角度分析，短期来看环境规制的遵循成本效应确实加重了企业的生产负担，但长期来看环境规制可以倒逼企业技术革新，当技术创新的补偿效应足以弥补遵循成本效应时，环境规制对企业绩效以及竞争力都是一种正向的促进作用（Murty & Kumar，2003；Johnstone et al.，2010；Gustav et al.，2015）。第三，环境规制对经济发展的关系也并非是严格的线性关系，不同的约束条件下或者不同的发展阶段两者也可能存在非线性关系，环境规制作为经济增长的外部影响因素两者之间的因果关系不太明确，且存在区域异质性（孙英杰和林春，2018）。由此可知，环境规制与经济增长之间的关系目前尚未有统一的定性或定量的结论，面对不同的研究角度、不同的研究主题以及不同的研究背景等都会产生差异化的研究结论。

3.3.1 模型构建

研究参考麦克基特里克（Mckitrick，2011）的环境经济学理论分析框架，与之不同的是，本节将环境规制具体到了以排污权交易为代表的市场型环境规制层面，在企业利润的函数中加入了一级市场政府配额分配的有偿使用和二级市场排污权交易的经济激励。

假设污染型企业产出为 f，产出的单位价格为 p，资本要素投入为 K，资本要素价格为 γ，劳动力要素投入为 L，劳动力要素价格为 ω，企业污染减排水平为 a，在产出和实施污染减排的基础上企业的污染排放量为 e，企业的利润表达式为：

$$\pi = pf - \gamma K - \omega L - c(f,a) \qquad (3-13)$$

这里的利润表示包含不变要素和可变要素投入的机会成本后，产品的价值超过其生产成本的差额。企业的污染排放量可以表达为：

$$e = e(f,a) \qquad (3-14)$$

企业所在地区实施市场型环境规制，政府在一级市场中按照配额分配，允许企业的最大排放量为 e_{max}，那么企业的污染排放约束为：

$$e = e(f,a) \leq e_{max} \qquad (3-15)$$

以二氧化硫排污权交易为例，假设企业规定排污权使用价格为 σ，企业有偿使用排污权的成本为 σe_{max}，污染企业在二级市场中的"富余排污权"的交易价格为 τ，经济激励为：

$$eprofit = \tau(e_{max} - e(f,a)) - \sigma e_{max} \qquad (3-16)$$

此时，企业的利润可以表达为：

$$\pi_{new} = pf - \gamma K - \omega L - c(f,a) + \tau(e_{max} - e(f,a)) - \sigma e_{max}$$
$$(3-17)$$

假设企业污染排放量随着产出的增加而增加，且产量越大增加的速度也越大，数学表达式即 $\frac{\partial e}{\partial f} > 0$，$\frac{\partial^2 e}{\partial f^2} > 0$；企业污染排放量随着污染减排水平的提高而减少，且污染减排水平越高减少的速度越快，数学表达式即 $\frac{\partial e}{\partial a} < 0$，$\frac{\partial^2 e}{\partial a^2} > 0$，如图3.8所示。

3.3.2 等排放线

由于在一级市场中，政府按照既定配额分配并规定企业污染排放的上

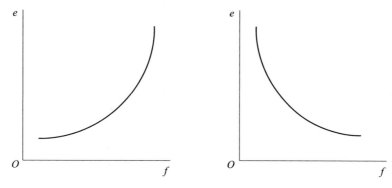

图 3.8　污染排放量、产出与污染减排的关系

限，为了进一步将排放量 $e(f, a)$、污染减排水平 a 和产出 y 之间纳入统一的研究框架，现将式（3-15）看作等号处理，对式（3-15）作全微分处理，即：

$$\mathrm{d}e_{\max} = \frac{\partial e}{\partial f}\mathrm{d}f + \frac{\partial e}{\partial a}\mathrm{d}a \qquad (3-18)$$

由于是由政府分配排放上限，$e_{\max}$ 为一固定常数，此时 $\mathrm{d}e_{\max} = 0$，式（3-18）变换为 $\frac{\partial e}{\partial f}\mathrm{d}f + \frac{\partial e}{\partial a}\mathrm{d}a = 0$，即：

$$\frac{\partial a}{\partial f} = -\frac{e_f}{e_a} \qquad (3-19)$$

其中，$e_f = \frac{\partial e}{\partial f}$，$e_a = \frac{\partial e}{\partial a}$，这就意味在 (f, a) 的空间内会有一条等排放线产生，根据前文设定可知，$\frac{\partial e}{\partial f} > 0$ 且 $\frac{\partial e}{\partial a} < 0$，因此 $\frac{\partial a}{\partial f} = -\frac{e_f}{e_a} > 0$。此时，如果用污染减排水平 a 和相对于产出 y 作图时，产生相同排放水平的产出与减排组合的轨迹是一条向上倾斜的线。根据麦克基特里克（Mckitrick，2011）的研究假定，$e_{af} > \frac{e_a e_{ff}}{e_f}$，其中 e_{af} 表示在 $e_a = \frac{\partial e}{\partial a}$ 的基础上再对产出 y 求偏导，同理 e_{ff} 表示在 $e_f = \frac{\partial e}{\partial f}$ 的基础上再对产出 y 求偏导。

在式（3-19）的基础上继续对产出 y 求偏导，可得：

$$\frac{\partial^2 a}{\partial f^2} = -\frac{e_{ff}e_a - e_f e_{af}}{e_a{}^2} = \frac{e_f e_{af} - e_{ff}e_a}{e_a{}^2} \qquad (3-20)$$

根据前文 $e_{af} > \dfrac{e_a e_{ff}}{e_f}$ 的假定，可知 $e_f e_{af} > e_a e_{ff}$，因此 $\dfrac{\partial^2 a}{\partial f^2} > 0$。由以上数理模型推导可知，产生相同排放水平的产出与减排组合的轨迹是一条向上凸起倾斜的线，给定产出 f，排放量随着污染减排水平的提高而下降，给定污染减排水平 a，排放量随着产出的增加而增加，如图 3.9 所示。

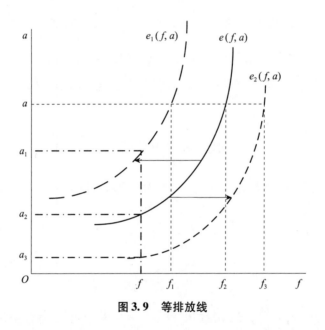

图 3.9 等排放线

由图 3.9 可知，当给定产出 f 时，对应三种不同污染减排水平 $a_1 > a_2 > a_3$，此时根据前文的设定可知 $e_1(f, a) < e(f, a) < e_2(f, a)$。当给定污染减排水平 a 时，对应三种不同的产出水平 $f_3 > f_2 > f_1$，此时根据前文的设定同样可知 $e_1(f, a) < e(f, a) < e_2(f, a)$。由此可知，当等排放线向右方移动时，表示排放量越来越大，当等排放线向左方移动时，表示排放量越来越小，但是每条线上点均表示等量的排放水平。

从成本的角度分析，投入成本随着产量的增加而增加，且随着产量的增加成本的增加速度越快，污染减排成本随着污染减排水平的提高而增加，数学表达式为 $\frac{\partial c}{\partial f}>0$，$\frac{\partial^2 c}{\partial f^2}>0$，$\frac{\partial c}{\partial a}\geqslant 0$，假定在不存在污染减排时，第

一减排单位的成本为零，定义 $\frac{\partial c(f,\ a)}{\partial a}\big|_{a=0}=0$。

3.3.3　等利润线

根据前文的研究思路，企业将在平面 $(f,\ a)$ 内寻求利润最大化轨迹，当企业没有污染排放限制时，由于没有排放约束条件，式（3-13）对产出 f 求偏导可知 $\frac{\partial \pi}{\partial f}=p-\frac{\partial c}{\partial f}$，利润最大化时满足一阶条件为 0，即 $\frac{\partial \pi}{\partial f}=p-\frac{\partial c}{\partial f}=0$，解得 $p=\frac{\partial c}{\partial f}$。在没有污染排放限制的情况下，企业满足利润最大化定义为 $(f^*,\ 0)$。

当企业所在地实施市场型环境权益交易时，存在排放限制，此时企业寻求利润最大化，对式（3-17）进行全微分处理可知：

$$\mathrm{d}\pi_{new}=p-c_f\cdot\partial f-c_a\cdot\partial a-\tau(e_f\cdot\partial f+e_a\cdot\partial a)\qquad(3-21)$$

其中，$c_f=\frac{\partial c}{\partial f}$，$c_a=\frac{\partial c}{\partial a}$，$e_f=\frac{\partial e}{\partial f}$，$e_a=\frac{\partial e}{\partial a}$，利润最大化时满足一阶偏导为 0，此时可解得：

$$\frac{\partial a}{\partial f}=\frac{p-c_f-\tau e_f}{c_a+\tau e_a}\qquad(3-22)$$

根据式（3-22）在平面 $(f,\ a)$ 内刻画等利润线的形状，借鉴麦克基特里克（Mckitrick，2011）的研究思路，接下来将针对污染减排水平分情况进行讨论。

当污染减排水平 $a>0$ 时，（1）当 $f<f^*$ 时，企业为了达到某一特定的利润水平，当增加产出 f 向 f^* 靠近时，污染排放量也随着产出的增加而增加，污染减排水平 a 就会增加，此时 $\frac{\partial a}{\partial f}>0$，曲线向 f^* 的左上方倾斜。

（2）当 $f=f^*$ 时，企业在某一特定的利润水平下，此时 $\frac{\partial a}{\partial f}=0$，曲线在 f^*

处是一条水平的线。（3）当 $f > f^*$ 时，企业在同样的利润水平下，当降低产出 f 向 f^* 靠近时，由于企业此时的产量已经超出最优产出 f^*，污染排放量处于高污染水平，仍需要继续增加污染减排水平以满足规制水平下的排放上限，此时 $\frac{\partial a}{\partial f} < 0$，曲线向 f^* 的右下方倾斜。

当污染减排水平 $a = 0$ 时，（1）当 $f \neq f^*$ 时，此时 $\frac{\partial a}{\partial f} = \infty$，特定的利润水平下在 f 点处为垂直的直线。（2）当 $f = f^*$ 时，此时，特定的利润水平下在 f 点收敛为一个点。

根据以上情况讨论可知，在平面 (f, a) 内等利润线的形状为半圆形，如图 3.10 所示。

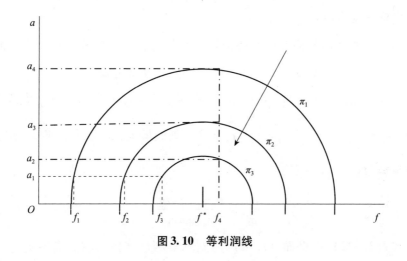

图 3.10 等利润线

由图 3.10 可知，当给定污染减排水平 a_1，产出水平有 $f_3 > f_2 > f_1$，但是针对某一特定的污染减排水平，在同一条等利润线上会有两种产出水平，由于是同一种利润水平，企业会选择低投入和低产出降低生产成本，因此针对图 3.10 只讨论半圆图形的左半部分，由此可知对应的 $\pi_3 > \pi_2 > \pi_1$。当给定固定产出水平 f_4 时，污染减排水平 $a_2 < a_3 < a_4$，由此可知对应的利润同样是 $\pi_3 > \pi_2 > \pi_1$，因此图中箭头的方向为利润增加的方向。

3.3.4 协同路径

由上述推导可知企业的等排放线和等利润线，那么如何在平面 (f, a) 内寻找满足排放约束条件下的利润最大化水平？即给出企业的利润最大化和目标约束条件，如何找到最优解？

$$\max \pi_{new} = pf - \gamma K - \omega L - c(f, a) + \tau(e_{max} - e(f, a)) - \sigma e_{max} \tag{3-23}$$

$$\text{s. t. } e = e(f, a) \leqslant e_{max} \tag{3-24}$$

构造拉格朗日函数：

$$L = pf - \gamma K - \omega L - c(f, a) + \tau(e_{max} - e(f, a))$$
$$- \sigma e_{max} - \lambda(e(f, a) - e_{max}) \tag{3-25}$$

式（3-25）两边分别对产出 f 和污染减排水平 a 求偏导，可知：

$$\frac{\partial L}{\partial f} = p - \frac{\partial c}{\partial f} - \tau \frac{\partial e}{\partial f} - \lambda \frac{\partial e}{\partial f} \tag{3-26}$$

$$\frac{\partial L}{\partial a} = - \frac{\partial c}{\partial a} - \tau \frac{\partial e}{\partial a} - \lambda \frac{\partial e}{\partial a} \tag{3-27}$$

利润最大化时一阶条件为 0，即：

$$p - \frac{\partial c}{\partial f} - \tau \frac{\partial e}{\partial f} - \lambda \frac{\partial e}{\partial f} = 0 \tag{3-28}$$

$$- \frac{\partial c}{\partial a} - \tau \frac{\partial e}{\partial a} - \lambda \frac{\partial e}{\partial a} = 0 \tag{3-29}$$

由此可知：

$$\frac{e_f}{e_a} = \frac{p - c_f - \tau e_f}{- c_a - \tau e_a} \tag{3-30}$$

其中，$e_f = \frac{\partial e}{\partial f}$，$e_a = \frac{\partial e}{\partial a}$，$c_f = \frac{\partial c}{\partial f}$，$c_a = \frac{\partial c}{\partial a}$。将式（3-30）与式（3-19）、式（3-22）对比发现，当企业所在地实施市场型的排污权交易环境规制时，排放约束下达到利润最大化时，等利润线的斜率等于等排放线的

斜率。

政府按照配额分配污染排放上限给有排放需求的污染型企业，在不超过排放上限的特定污染排放水平下，企业尝试在追求利润最大化的过程中，等利润线会与等排放线之间将会产生一个切点值，在切点值处企业既满足了污染排放水平又达到了利润最大化的要求，如果排放约束移动，将会产生一条切线路径，如图 3.11 所示，图中左边的箭头代表排放量减少的方向，右边的箭头代表利润增加的方向。

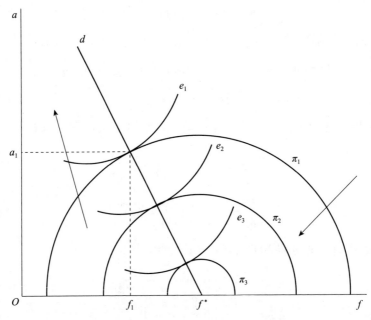

图 3.11　满足最优排放和利润最大化的切点路径

企业希望保持最低等值利润线，但要受到所需等值排放线的限制。面对排放限制 e_1，企业不是通过安装减排设备来应对污染排放，而是将减排设备的使用 a_1 与产量 f_1 相结合考虑。在尝试估算满足排放限制的企业"成本"时，简单地将减排设备的成本相加是不正确的，企业还通过改变产出水平来承担相应的成本，满足排放约束的企业其实际成本是 π^* 和 π_1 之间的利润损失。在图 3.11 中，绘制了 e_1 和 π_1 相切、e_2 和 π_2 相切、e_3 和 π_3 相切的情况。图中针对排放量 e_1 的情况给出了相应的最佳输出和减

排水平 (f_1, a_1)。在排放量为 e_2 的情况下，较高的等利润线 π_1 污染满足排放约束，但没有使利润最大化。等利润线 π_3 越低，利润就越高，但不满足排放约束，相切点是唯一的解决方案，切点轨迹如图 3.11 中的 df^* 线所示。综上所述，本节借鉴麦克基特里克（Mckitrick，2011）的研究思路，通过对等排放线和等利润线的推导，寻找出了企业既能满足排放约束又能满足企业利润的切点路径，说明在市场型环境规制约束下存在经济和环境的协同推进路径。

随着经济的高速增长，环境资源的稀缺性决定了环境保护与经济增长之间必然存在某种矛盾，这种矛盾也必须在经济发展的过程中进行动态调整。而环境资源具备的公共物品属性也决定了对环境资源的保护必须纳入政府管制范畴（陶静和胡雪萍，2019）。因此，虽然政府主导的命令型环境规制在环境质量改善的过程中发挥了很大的作用，但是基于中国环境污染问题的复杂性以及经济社会发展过程中问题的交织，亟须构建与现代经济基础相适应的多元化环境治理体系。环境质量持续改善仍然是环境保护长期的工作重点，政府行政手段的引导功能不可或缺，但仍需进一步突出市场经济工作在环境政策体系中的作用和功能，不断完善排污权交易制度，创新排污权交易模式，合理向有排放需求的企业分配配额，鼓励有富余排污权的企业进行二级市场交易，主动探索区域间、不同污染物之间可交易的模式，这也是中国"十四五"时期环境经济政策改革的重点（董战峰等，2020），目的是使环境保护在经济发展中具备越来越强的话语权，经济发展过程中环境保护的融合度越来越高，逐渐摒弃"环境保护抑制经济发展"的论调，强化在以经济建设为中心的大背景下，环境保护可以实现与经济发展协同推进，让二者实现兼容性动态平衡。

3.4　本章小结

本章主要从环境规制和经济增长两个层面对目前的现状进行了描述，

之后进行了相关的理论基础分析，并得出了一定的研究结论。

（1）以工业二氧化硫排放为衡量角度的命令型环境规制强度呈现逐年递增现象，这也符合中国关于空气污染治理的趋势和现状。以工业废水排放为衡量角度的命令型环境规制强度也是逐年趋严。与传统的命令控制型环境政策不同，排污权交易作为以市场为基础的环境经济政策工具有其独有的特征且具备了一定的实践基础。

（2）1998～2018 年经济增长数量不断攀升，得益于中国持续的深化改革开放，不仅带动国内市场活力，也不断在拓展国际市场，经济增长方式也在不断转变，国内消费持续释放活力，出口拉动经济增长占比不断攀升。

（3）1998～2002 年，中国经济增长质量最高，在该阶段经济增长加速，环境保护服从于经济增长，虽然环境污染问题开始显现，但是有环境承载力和环境的自净化能力，环境质量相对较好。随着经济增长的进一步加速，环境保护的巨大压力开始显现，环境质量改善开始得到重视，但环境保护仍滞后于经济增长，两者处于失衡状态。

（4）2010 年经济增长质量开始有所好转，2012 年中国经济开始进入新常态，经济增长速度开始进入中高速阶段，环境保护受到了前所未有的重视。2015 年中央开始启动环保督查，2017 年"污染防治攻坚战"作为三大攻坚战之一被写入政府工作报告，环境质量逐渐出现好转现象。

（5）借鉴麦克基特里克（Mckitrick，2011）的研究思路，通过对等排放线和等利润线的推导，寻找出了企业既能满足排放约束又能满足企业利润的切点路径，说明在市场型环境规制约束下存在经济和环境的协同推进路径。

第4章 市场型环境规制对经济增长"量"的影响研究

中国经历了40多年的改革开放，已经成为全球第二大经济体，人均国内生产总值较之前大幅度提高，发展目标和发展方式都在改变。然而，"经济增长奇迹"背后对环境资源的浪费与低效率利用不容忽视，长期粗放型的经济增长方式使环境承载力已无限逼近临界值，甚至对环境质量造成不可逆的破坏。在特定的历史发展时期，环境保护服务于经济发展甚至让位于经济发展具有特殊性和历史必然性（吴舜泽等，2018），但是面对人民日益增长的美好生活需要和不平衡不充分的发展之间的矛盾，必须把环境保护提升至重要战略地位。"重经济发展轻环境保护"的发展理念已经无法满足人民对环境质量的期待以及无法适应新时代发展的要求，"绿水青山就是金山银山"赋予环境保护与经济发展新的理念。

高投入实现的经济数量和规模的扩张导致环境资源被浪费，而新的生态文明观念已经把改善环境治理和经济发展放在同等重要的地位，相关政策也从以前的重经济发展轻环境保护转向经济发展与环境保护协同推进，环境治理成效显著。中央生态环境保护督察进驻地方开展实地督察调研发现，地方经济发展不但没有下降反倒上升，浙江等地已经实现环境保护与经济增长的良性循环，"绿水青山就是金山银山"的理念得到了具体的实践。然而，在环境保护支撑经济发展过程中起关键作用的仍然是最严格的环保制度和完善的市场机制，发挥市场的作用解决突出环境问题才是重要抓手。因此，本章节将考察市场型环境规制对经济增长"量"的影响。

4.1　排污权交易的地方实践

本部分将浙江省、山西省和陕西省分别作为东、中、西三大经济带中排污权交易的代表性政策试点进行实践分析。

首先是浙江省排污权交易的试点情况。早在 2011 年，浙江省环境保护厅就已经出台了与排污权交易相关的实施细则，对初始排污权指标的核定、分配和有偿使用、资金管理和监督管理等作了详细说明，截至 2018 年底，全省已出台上百个政策文件。根据目前现有数据，笔者从浙江省排污权交易网手工整理出 2015～2019 年每个月份的排污权交易量和成交额，如图 4.1 和图 4.2 所示。

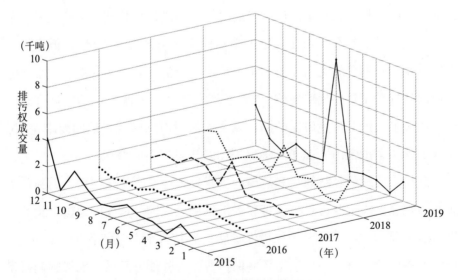

图 4.1　浙江省排污权成交量

资料来源：根据浙江省排污权交易网相关资料整理所得。

由图 4.1 和图 4.2 可知，浙江省在 2015 年、2016 年和 2017 年排污权交易量比较稳定，在 2018 年和 2019 年交易量波动比较大，成交额随二级市场的波动也呈现小幅度变化。目前，浙江省的排污权交易试点在所有试点中体系相对健全完善，其中嘉兴市建立了首个排污权交易机构，浙江省按照局地现行循序渐进的原则根据嘉兴经验建立了比较完备的排污权法规体系，且建立了省市县三级排污权交易机构。虽然目前浙江省的排污权交易体系相对比较完善，但仍然存在一些具体问题，比如排污权期满后的处置、排污权融资业务的多样化等。

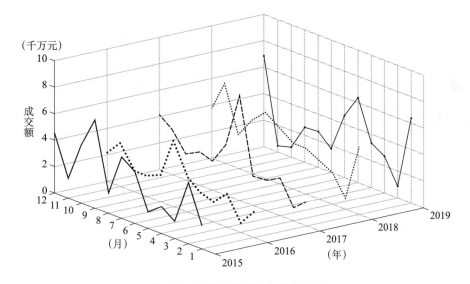

图 4.2 浙江省排污权交易成交额

资料来源：根据浙江省排污权交易网相关资料整理所得。

其次，山西省作为煤炭大省也被纳入排污权交易试点，表 4.1 为山西省排污权 2016~2018 年的相关情况。

表 4.1   山西省排污权交易情况

时间	宗数	二氧化硫（吨）	化学需氧量（吨）	氮氧化物（吨）	烟尘（吨）	工业粉尘（吨）	成交额（万元）
2016 年 9 月	13	129	2	123	29	22	501
2016 年 10 月	18	29	—	—	—	—	354
2016 年 11 月	18	30	—	333	23	45	727
2016 年 12 月	31	314	—	3932	411	167	8383
2017 年 1 月	29	303	40	1488	111	29	3582

时间	宗数	二氧化硫（吨）	化学需氧量（吨）	氮氧化物（吨）	烟尘（吨）	工业粉尘（吨）	成交额（万元）
2017 年 2 月	21	1475	—	1223	85	247	5175
2017 年 3 月	17	36	1	331	319	11	895
2017 年 4 月	37	2432	14	4165	638	690	13126
2017 年 5 月	32	216	1	1171	59	64	2689
2017 年 6 月	30	210	—	209	215	19	916
2017 年 7 月	60	4289	249	2051	290	233	12688
2017 年 8 月	64	633	9	4153	903	124	9679
2017 年 9 月	55	5232	14	1508	1782	1465	14259
2017 年 10 月	45	110	47	306	127	86	1064
2017 年 11 月	74	303	84	1972	195	104	4734
2018 年 1 月	56	350	30	1768	241	341	4435
2018 年 2 月	43	261	40	428	43	87	1490
2018 年 3 月	51	748	—	421	215	76	2319
2018 年 4 月	79	277	2	544	158	261	1785
2018 年 5 月	86	130	26	790	43	334	2046

资料来源：数据由笔者手工整理所得，来源于山西省生态环境厅，https：//sthjt. shanxi. gov. cn/。

由表 4.1 可知，化学需要量的交易在所有污染物类型中最少，而二氧化硫、氮氧化物、烟尘和工业粉尘的交易情况比较活跃，不仅在同一年份的不同月份中差异大，同一月份的不同年份中也存在差距。山西省的能源和化工行业是重要的基础产业，污染排放量明显高于其他省份的同行业排放，排污权交易将环境管理与市场经济相结合创新激励机制，对优化山西省的经济结构与调动排污者排污的积极性具有重要意义，但是仍然存在一些问题，比如环境不达标区域如果想要购买排污权只能在本地购买，限制了排污权的自由流动等。针对这些具体问题，山西省排污权交易应该设计针对性的改革措施，完善交易权的配置和监管。

最后是陕西省排污权交易现状。陕西省位于中国西部，能源化工发展基础雄厚，是中国能源产业不可或缺的重要基地，也是陕西省经济增长中重要的支柱产业，但是以此造成的环境保护与经济发展的矛盾也特别突出。随着排污权交易试点的推进，二级市场逐渐被打开，二氧化硫、氮氧化物、化学需氧量和氨氮等主要污染物均有剩余排污权，二级市场排污权交易场次高达 60 多场，成交总额过亿元。因此，要努力盘活闲置排污权指标，使有为政府和有效市场更好结合，激发企业自主减排内生动力，通过市场化手段促进落后产业转型升级。但是陕西省排污权交易在推行过程中存在一些问题，诸如二级市场虽然逐渐活跃，但是活跃度仍很低，政府过多干预二级市场。排污权交易的整个过程中，政府行为主要发生在一级市场的配额分配，二级市场中企业之间进行剩余排污权交易时应该由市场"这只看不见的手"主导，交易价格应根据市场中排污权供求关系的变化而波动，政府不该过多干预。排污权交易可以让企业的减排意识从"要我减排"转向"我要减排"，让污染型企业实现自主减排，也让全社会意识到排污权是有价值的稀缺资源。目前陕西省为深入推进排污权交易进程，盘活排污权交易市场，相关部门正积极筹划如何创新排污权交易政策工具，制定相对比较完善的抵质押融资制度，吸引更多的中小型企业参与排污权交易，并结合陕西省环境质量实际适时探索增加新的交易品种，探索排污权抵押贷款。

4.2　实证分析

本节选择用双重差分模型对排污权交易的经济效应进行实证考察，并对研究结果进行稳健性和安慰剂检验，进一步做异质性分析。

4.2.1　证伪检验

本节通过检查排污权交易对工业废水排放的影响进行证伪检验，借鉴刘等（Liu et al.，2017）的做法，选择用工业废水排放进行证伪检验主要是由于空气污染和水污染为非互补性减排措施，排污权交易也是针对治理二氧化硫大气污染实施的市场型环境规制，而且工业二氧化硫和工业废水的减排措施以及治理工具的选择存在很多差异，因此二氧化硫排污权交易对废水减排不应该产生影响，也从侧面进一步证明了排污权交易在二氧化硫减排方面的有效性。具体做法如下：

$$waste\_water_{it} = \theta_0 + \theta_1 time \times treat + \theta_i X + \gamma_t + \mu_i + \varepsilon_{it} \quad (4-1)$$

本节从省份（这里的省份包括北京、上海、天津和重庆 4 个直辖市）和地级市两个层面检验以二氧化硫排污权交易为代表的市场型环境规制的有效性，其中试点地区有 11 个省份，包括 107 个地级市；非试点地区有 18 个省份，包括 169 个地级市。其中，i 表示省份或地级市，t 代表年份。试点省份以及隶属于试点省份的地级市 $treat=1$，非试点省份以及隶属于非试点省份的地级市 $treat=0$。2008 年之前的年份 $time=0$，2008 年及以后的年份 $time=1$。$time \times treat$ 的系数衡量的是排污权交易试点地区相对于非试点地区二氧化硫排放的平均变化，$waste\_water$ 代表各省份或各地级市的废水排放量，X 是一系列省级和城市级层面的控制变量向量，包括外商直接投资实际使用额（fdi）、固定资产投资完成额（$assets$）、代表国内贸易情况的社会消费品零售总额（$consume$）、教育支出（$educate$）以及交通运输情况（$traffic$）。γ_t 代表的是时间固定效应，控制的是一系列不随个体变化的因素，如宏观政策冲击、财政政策和货币政策等；μ_i 代表的是个体固定效应，控制的是一系列不随时间变化的因素，如地理特征、自然禀赋等；γ_t 和 μ_i 精确地反映了时间特征和个体特征，替代了原来的政策实施变量和原来的地区分组变量，因此模型中不必加入 $time$ 和 $treat$ 单项；ε_{it} 代表随机误差项。本节重点关注系数 θ_1，无论 θ_1 的系数符号如何，若系数没有通过显著性检验，则从侧面说明试点地区二氧化硫排放量的下降是由排污权交易政策驱动。

在二氧化硫排污权交易的证伪检验中，省份层面 2004～2017 年废水排放量数据来源于国家数据官网，2000～2002 年废水排放数据来源于

《中国环境年鉴》，其余年份废水排放数据由前两年均值替代。控制变量中的外商直接投资实际使用金额、固定资产投资完成额、社会消费品零售总额、教育支出以及客运量等数据均来源于 wind 数据库，个别缺失数据由均值替代，变量的描述性统计分析见表4.2。

表 4.2 省级变量描述性统计分析

变量	样本量	均值	标准差	最小值	最大值
pwaste_ water	609	20	16	1.5	94
p_ fdi	609	51.94	65.97	0.190	357.6
p_ educate	609	402.7	436.4	4.270	2789
p_ assets	609	8295	10024	93.06	54236
p_ traffic	609	72936	65216	3213	570000
p_ consume	609	5319	6277	77.10	39767

资料来源：数据来源于《中国环境年鉴》、wind 数据库。

地级市层面的废水排放量数据来源于历年《中国城市统计年鉴》，控制变量中的外商直接投资实际使用金额、固定资产投资完成额、社会消费品零售总额来源于 wind 数据库，教育支出以及交通运输情况数据来源于中经网统计数据库，具体变量的描述性统计分析见表4.3。

表 4.3 地级市变量的描述性统计分析

变量	均值	标准差	最小值	最大值	样本量
waste_ water	9190	18879	7.00	586117	5796
rjgdp	29230	28255	58.0	215488	5796
fdi	5.531	14.80	0.00	243.3	5796
assets	899.2	1356	0.0300	18949	5796
consume	538.4	976.0	0.480	12669	5796
educate	16.87	53.47	0.007	1026	5796
traffic	180.60	425.94	0.02	5256.06	5796

资料来源：数据来源于《中国城市统计年鉴》、wind 数据库和中经网统计数据库。

由于二氧化硫排污权交易对工业废水排放做证伪检验时，采用的是双重差分模型，因此需要对废水排放量是否满足平行趋势进行检验，结果如图4.3所示。

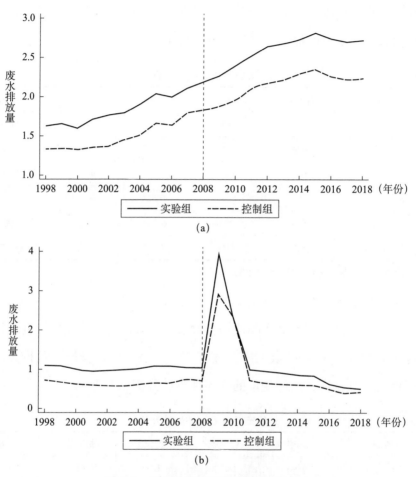

图4.3　废水排放量平行趋势检验结果

其中，图4.3（a）为省级废水排放量平行趋势检验图，图4.3（b）为地级市废水排放量平行趋势检验图。由图4.3可知，在2008年之前，实验组和控制组的废水排放变化趋势保持一致，且实验组的废水平均排放高于控制组，满足平行趋势假设，可以进行双重差分检验。因此，本节在模型（4-1）的基础上从省级和地级市两个层面进行以二氧化硫排污权交易为代表的市场型环境规制有效性的证伪检验，结果见表4.4。

表 4.4 排污权交易政策有效性的证伪检验

变量	省级层面		地级市层面	
	（1）	（2）	（3）	（4）
$time \times treat$	0.101	−0.016	−0.119	−0.042
	(0.221)	(0.083)	(0.104)	(0.127)
控制变量	否	是	否	是
_cons	1.441***	1.282***	0.863***	0.915***
	(0.096)	(0.057)	(0.037)	(0.050)
时间效应	是	是	是	是
个体效应	是	是	是	是
N	609	609	5796	5796
R^2	0.5085	0.8237	0.1632	0.1724

注：括号内为标准误差，*** 表示 $p < 0.01$。

由表 4.4 可知，选择用废水排放量作为被解释变量，模型核心解释变量 $time \times treat$ 均没有通过显著性检验，其中第（1）列和第（2）列为未加控制变量和加控制变量的省级层面排污权交易政策有效性的证伪检验结果，第（3）列和第（4）列为未加控制变量和加控制变量的地级市层面排污权交易政策有效性的证伪检验结果。研究结果表明二氧化硫排污权交易对废水排放不存在统计意义上的显著影响，这将提供额外的证据证明满足识别假设。由此可知，工业二氧化硫排放的减少是由二氧化硫排污权交易引起的，而不是由其他因素驱动，支持双重差分估计检验的有效性。

4.2.2 模型构建

为了检验以二氧化硫排污权交易为代表的市场型环境规制对经济增长"量"的影响，本章仍然构建双重差分模型，具体如下：

$$rjgdp_{it} = \alpha_0 + \alpha_1 time \times treat + \alpha_i X + \gamma_t + \mu_i + \varepsilon_{it} \qquad (4-2)$$

其中，$rjgdp_{it}$ 代表地级市 i 在 t 年的人均生产总值，试点省份以及隶属于试点省份的地级市 $treat = 1$，非试点省份以及隶属于非试点省份的地级市 $treat = 0$。2008 年之前的年份 $time = 0$，2008 年及以后的年份 $time = 1$。$time \times treat$ 的系数衡量的是二氧化硫排污权交易试点地区相对于非试点地区人均生产总值的平均变化。X 是一系列城市层面控制变量向量，包括外商直接投资实际使用额（fdi）、固定资产投资完成额（$assets$）、代表国内贸易情况的社会消费品零售总额（$consume$）、教育支出（$educate$）以及交通运输情况（$traffic$）。γ_t 代表的是时间固定效应，控制的是一系列不随个体变化的因素，比如宏观政策冲击、财政政策和货币政策等；μ_i 代表的是个体固定效应，控制的是一系列不随时间变化的因素，比如地理特征、自然禀赋等；γ_t 和 μ_i 精确地反映了时间特征和个体特征，替代了原来的政策实施变量和原来的地区分组变量，因此模型中不必加入 $time$ 和 $treat$ 单项；ε_{it} 代表随机误差项。本章重点关注系数 α_1，若 $\alpha_1 > 0$，说明排污权交易显著促进了试点地区的人均生产总值，即以排污权交易为代表的市场型环境经济政策对经济增长的"量"存在显著的正向影响。相关变量的描述性统计分析同表 4.3，此处不再赘述。

借鉴任胜钢等（2019）的做法，本节比较了二氧化硫排污权交易实施前后相关变量的变化特征，具体结果见表 4.5。

表 4.5　　　　试点政策前后试点地区和非试点地区描述性比较

指标	试点政策前		比值	试点政策后		比值	比值变化
	非试点地区	试点地区		非试点地区	试点地区		
$rjgdp$	9.0694	9.1494	1.0088	10.4533	10.6031	1.0143	0.0055
fdi	2.6389	2.6212	0.9933	7.2910	9.5514	1.3100	0.3167
$assets$	2.8476	3.4895	1.2254	12.0674	17.9583	1.4881	0.2627
$consume$	1.8806	2.1502	1.1434	7.7050	9.6865	1.2572	0.1138
$educate$	4.3699	3.4577	0.7913	28.8709	28.0443	0.9714	0.1801
$traffic$	1.4918	1.1412	0.7649	2.2727	2.1247	0.9349	0.1699

表 4.5 中的比值为试点地区均值与非试点均值的比值，比值变化为试点政策后比值与试点政策前比值的差值。由表 4.5 可知，部分变量在试点地区和非试点地区的平均差异不是很明显。从被解释变量来看，无论是二氧化硫排污权交易政策实施前还是实施后，试点地区的人均生产总值大于非试点地区的人均生产总值，但是这种差距有扩大的趋势。从控制变量来

看，无论是二氧化硫排污权交易政策实施前还是实施后固定资产投资完成额和社会消费品零售总额两个变量在试点地区的均值均高于非试点地区，且这种差距也是在呈现扩大的趋势。但是二氧化硫排污权交易政策前试点地区外商直接投资实际使用额均值小于非试点地区，政策后试点地区均值高于非试点地区，且试点后的差距要大于试点前。二氧化硫排污权交易政策前试点地区教育支出和交通运输情况的均值小于非试点地区，政策实施后试点地区均值仍然小于政策实施前，且这种差距在扩大。需要说明的是，这是在没有控制其他任何因素的影响对单变量的变化特征进行分析。为了得到更稳健的结果，后续实证检验中将会控制潜在因素的影响。

4.2.3 政策评估

在对市场型环境规制的政策效应评估之前，需对经济增长的"量"是否满足平行趋势进行检验，结果如图 4.4 所示。

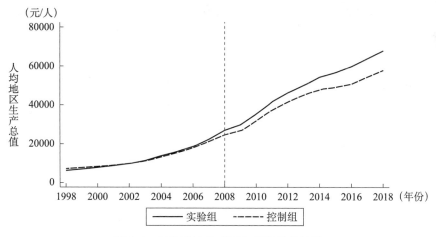

图 4.4 经济增长的"量"平行趋势检验

由图 4.4 可知，在政策实施之前实验组和控制组经济增长的"量"走势基本一致，政策实施之后，实验组的经济增长体量开始与控制组出现均值差异，且均值差异逐渐在扩大。

基于上述对单变量的初步分析，在控制其他潜在变量的影响下利用模型（4-2）检验以二氧化硫排污权交易为代表的市场型环境规制对经济增长"量"的影响，结果见表4.6。

表4.6　　　　　　　市场型环境规制对经济增长"量"的影响

变量	(1)	(2)	(3)	(4)	(5)	(6)
$time \times treat$	0.589 ***	0.474 ***	0.264 ***	0.308 ***	0.298 ***	0.302 ***
	(0.061)	(0.057)	(0.055)	(0.054)	(0.055)	(0.055)
fdi		50.260 ***	26.764 ***	11.657 ***	12.926 ***	12.400 ***
		(1.698)	(1.939)	(2.143)	(2.313)	(2.308)
$assets$			5.019 ***	2.882 ***	2.818 ***	2.727 ***
			(0.225)	(0.262)	(0.265)	(0.265)
$consume$				6.024 ***	6.605 ***	5.934 ***
				(0.395)	(0.562)	(0.571)
$educate$					-1.193	-0.585
					(0.821)	(0.824)
$traffic$						6.944 ***
						(1.163)
_ $cons$	0.675 ***	0.558 ***	0.445 ***	0.459 ***	0.451 ***	0.396 ***
	(0.068)	(0.064)	(0.061)	(0.060)	(0.060)	(0.061)
时间效应	是	是	是	是	是	是
个体效应	是	是	是	是	是	是
N	5796	5796	5796	5796	5796	5796
R^2	0.7412	0.7767	0.7952	0.8035	0.8036	0.8048

注：括号内为标准误差，*** 表示 $p < 0.01$。

由表4.6可知，核心解释变量 $time \times treat$ 均在1%的水平上显著为正，说明以二氧化硫排污权交易为代表的市场型环境规制可以实现经济在"量"上的增长。表中的第（1）列到第（6）列为依次加入相关控制变量的过程，结果显示核心解释变量 $time \times treat$ 的符号和显著性均没有发生根本性的变化，而且随着控制变量的依次加入，拟合优度也在不断增加，说明本节的回归结果比较稳健。排污权交易能够实现对经济增长"量"的正向促进作用，主要因为无论是命令型环境规制还是市场型环境经济政策的激励，政策最终的作用对象为企业，通过影响企业的经营活动进而传导至产业，最后影响到经济社会发展的方方面面。生态环境保护政策对企业的影响不是一成不变的，呈现出明显的阶段性特征，短期来看，环境保护政策加大了企业的环境治理成本，在其他条件不变的情况下，利润必然下降，影响其他的生产资源投入，在一定程度上阻碍企业经济发展。但是长期来看，企业要发展必然要满足环境政策要求，进而进行环保技术投入，尽管在技术投入的初期会产生高投入低产出的现象，随着生产过程技术效应凸显，高效率、高标准的资源配置以及高品质的产出会对前期成本进行弥补，后期就会成为企业发展和经济增长的助推器。

环境政策虽然短期加剧企业成本，但是长期能够淘汰企业落后产能，实现企业在供给侧的改革，同时也抑制虚假的需求导致供给增加造成的经济过热趋势。此外行政命令主导的约束性生态环保政策手段在推动企业进行绿色技术创新与清洁转型时比较难，而诸如绿色金融、排污权交易等环保经济激励性政策可以有效强化对有潜力企业的逆周期调节，若能进一步降低中小型企业的融资难度，企业在开展绿色技术创新投资和技术成果转型应用时才会更顺畅，也可以有效降低突发的重大事件对企业发展造成的风险，助力宏观经济发展实现长期可持续稳定发展（黄德生等，2020）。

2015 年中国开启了中央环保督查，这是生态文明领域的一项重大改革举措，截至 2018 年已全面覆盖所有省份，旨在解决地方突出的环境问题。生态环保督查淘汰了一批环境标准不达标企业的落后产能，减少了低效率或无效供给，以促进企业在供给侧进行结构性改革，同时也为低污染或无污染企业提供更多的潜力发展空间。另外，中央环保督查带动了环保设备、环保产业以及环境技术等领域新的经济增长点，环境保护与经济发展协同推进，为经济可持续健康发展奠定了基础。

"十四五"时期，正确处理环境保护和经济增长的关系仍然是重点工作，只有处理好二者的关系，才能达到绿色发展的目的。当把二者的关系对立或割裂开来，就是没有考虑到把环境保护作为未来经济发展的新动能。根据"绿水青山就是金山银山"传递的发展理念，环境问题实际上就是经济发展问题，当经济发展到一定水平之后，人们对环境质量的要求只会越来越高，这样环保问题就成了经济发展的内涵和有机组成部分。环境保护可以衍生出新的经济增长点，比如环保产业的发展，随着环保政策多元化的制定、相关立法制度的切实执行，加之新冠疫情带来的大量医疗废弃物的处理，环保行业发展具备巨大的市场潜力，正在形成一股新兴行业市场力量，助力经济新增长。

虽然当前中国受到国际社会发展环境和突发公共卫生事件的影响，经济发展有些波动，但是中国经济增长逐渐趋向稳增长和长期向好的局面没变。个别地方还存在牺牲环境换取所谓的"GDP"增长，不断出现"唯GDP"的论调，触碰生态保护"红线"，一时的经济增长并不是真正的增长，甚至对环境可能造成不可逆的影响。环境保护与经济增长之间并非是非此即彼的关系，二者完全可以实现共融共生和同频共振，良好的经济发展态势是环境保护的基础，环境保护是重要的消费、创新和增长的新动能，可以对经济增长的"量"和"质"做加法和乘法。特别是在2020年疫情防控常态化和经济形势下，为了缓解企业的污染治理压力，生态环境部直接对接企业，提供污染防治技术、方案和优惠政策等，努力做到"一企一策"，一对一帮扶企业实现绿色可持续发展。

4.3 稳健性检验

正如前文所述，双重差分法要求实施试点之前实验组和控制组的被解释变量满足平行趋势检验，即保证试点实施之前实验组和控制组同质，那么试点实施之后的变化才有可能是由试点政策引起的。然而，映射到现实经济生活中，只能从某些数据侧面考察排污权交易试点地区经济增长状况。因此，就需要构造非观测状态下的反事实结果来评估以二氧化硫排污权交易为代表的市场型环境规制对地区经济增长"量"的政策效果。显然，中国排污权交易的实施及其相关政策的制定并非是完全外生和随机，通常是综合考虑包括外商直接投资、固定资产投资、国内贸易、教育以及交通运输等一系列经济和社会因素决定的自选择过程，而这些因素也直接或间接地影响了经济增长"量"的突破进程。由于地点地区和非试点地区存在多样化差异，如果只是简单将非试点地区的结果作为试点地区的反事实表现，就会低估或高估政策效应，则很难判断是排污权交易机制的提出影响了经济增长"量"的转变还是经济增长"量"的转变反过来决定了政策是否应该被实施（贾俊雪等，2018）。赫克曼等（Heckman et al.，1998）认为，如果试点政策受不随时间变化的不可观测变量的影响，如文化距离、人文特征等，且数据为面板数据集时，则可以使用倾向得分匹配估计量，因此本节选择用倾向得分匹配双重差分法解决选择性偏差问题并作为稳健性检验。

4.3.1　PSM-DID

具体采用 Logit 模型，以 *treat* 为被解释变量，以外商直接投资、固定资产投资、国内贸易、教育以及交通运输情况作为相应的协变量进行近邻匹配，匹配之后的平衡性检验结果见表 4.7。

表 4.7　　平衡性检验结果

变量	均值		% bias	t
	实验组	控制组		
fdi	0.0062	0.0052	6.7	2.53
assets	0.1094	0.1039	3.9	1.27
consume	0.0603	0.0577	2.8	1.06
educate	0.0161	0.014	4	2.26
traffic	0.0165	0.0148	4	1.93

表 4.7 的平衡性检验结果显示，匹配后实验组和控制组各变量的标准化偏差（% bias）均小于 10%，而且包含外商直接投资、固定资产投资、国内贸易、教育以及交通运输情况的大部分变量的 t 统计量检验结果都不显著，即不拒绝实验组与控制组无系统差异的原假设，表明匹配结果是有效的。接下来检验倾向得分匹配的共同取值范围条件，结果如图 4.5 所示。

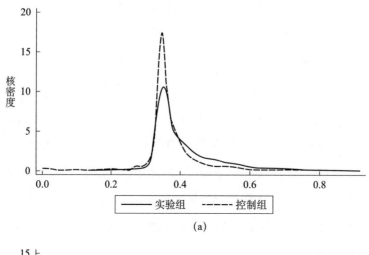

(a)

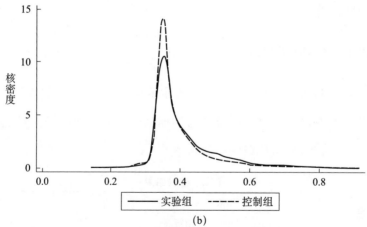

(b)

图 4.5　倾向得分匹配核密度估计

　　结果显示，图 4.5（a）即匹配前实验组和控制组倾向得分的概率分布存在明显的差异且共同取值范围较小；图 4.5（b）即匹配后两者的分布具有较好的一致性且共同取值范围增大，落在非共同取值范围内的少数样本在估计平均处理效应时被剔除，故可以保证待估参数的准确性。

　　基于匹配之后的新样本，本节重新估计以二氧化硫排污权交易为代表的市场型环境规制对经济增长"量"的影响。为了保证前后结果的对比性，模型中采取逐步加入控制变量进行双重差分倾向得分匹配回归，结果见表4.8。

表 4.8　　　　　　　　　　**PSM-DID 回归估计检验结果**

变量	（1）	（2）	（3）	（4）	（5）	（6）
$time \times treat$	0.648 ***	0.458 ***	0.272 ***	0.273 ***	0.302 ***	0.302 ***
	(0.060)	(0.057)	(0.055)	(0.054)	(0.054)	(0.054)
fdi		56.509 ***	28.650 ***	19.607 ***	15.728 ***	15.896 ***
		(2.037)	(2.347)	(2.355)	(2.422)	(2.454)
$assets$			5.067 ***	2.192 ***	1.866 ***	1.853 ***
			(0.236)	(0.289)	(0.292)	(0.294)
$consume$				7.511 ***	5.148 ***	5.183 ***
				(0.455)	(0.583)	(0.589)
$educate$					8.487 ***	8.617 ***
					(1.315)	(1.350)
$traffic$						−0.736
						(1.724)
$\_cons$	0.656 ***	0.539 ***	0.432 ***	0.438 ***	0.480 ***	0.485 ***
	(0.067)	(0.063)	(0.060)	(0.059)	(0.059)	(0.060)
时间效应	是	是	是	是	是	是
个体效应	是	是	是	是	是	是
N	5739	5739	5739	5739	5739	5739
R^2	0.7449	0.7765	0.7939	0.8038	0.8053	0.8053

注：括号内为标准误差，*** 表示 p<0.01。

核心解释变量 $time \times treat$ 均在 1% 的水平上通过了正向显著性检验且系数方向没有发生变化，本节的主要结论基本成立。进一步对数据处理，删除极端值对结果的影响即缩尾 1% 处理、调整时间窗口即将样本期间分别设定为政策实施前后 3 年、4 年和 5 年、控制其他政策干扰如中国在 2001 年加入世界贸易组织以及 2003 年颁布《排污费征收使用管理条例》等，结果见表 4.9。

为了排除异常值对市场型环境经济政策的经济效应造成影响，导致估计偏差，现对数据进行缩尾 1% 处理，见表 4.9 中的第（1）列。结果显示，以二氧化硫排污权交易为代表的市场型环境规制对经济增长 "量" 的影响仍然通过了 1% 的显著性检验，市场型环境经济政策对经济增长的 "量" 具有正向显著的促进作用。

本节的原始数据结构为二氧化硫排污权交易试点政策前 10 年和后 11 年数据，现调整数据结构，将政策时间窗口调整为试点政策比较平衡的前后三年、四年和五年，结果见表4.9中的第（2）~（4）列。结果显示，在控制了一系列变量之后，以二氧化硫排污权交易为代表的市场型环境规制对经济增长"量"的影响依然通过了1%的显著性检验，市场型环境经济政策对经济增长的"量"具有正向显著促进作用。

表4.9　　　　　　　　　　　　稳健性检验

变量	缩尾1%	调整政策时间窗口			排除政策干扰	
	（1）	（2）	（3）	（4）	（5）	（6）
$time \times treat$	0.223 ***	0.137 ***	0.147 ***	0.159 ***	0.274 ***	0.270 ***
	（0.045）	（0.044）	（0.049）	（0.051）	（0.058）	（0.060）
控制变量	是	是	是	是	是	是
_ cons	0.428 ***	1.337 ***	1.137 ***	0.899 ***	0.750 ***	0.919 ***
	（0.054）	（0.038）	（0.039）	（0.043）	（0.057）	（0.056）
时间效应	是	是	是	是	是	是
个体效应	是	是	是	是	是	是
N	5406	1656	2208	2760	4692	4416
R^2	0.8465	0.7117	0.7375	0.7541	0.8052	0.8051

注：括号内为标准误差，*** 表示 $p < 0.01$。

2001年中国加入世界贸易组织，出口作为经济增长驱动的"三驾马车"之一，对经济增长在规模上的贡献率呈现波动式增长，出口的产品结构也在不断调整和优化，长期拉动经济增长（王文平和王丽媛，2011）。为了排除该事件对结果造成的影响，本节控制了该事件的影响，结果见表4.9的第（5）列，结果显示控制该事件后结果仍然很稳健。2003年，国务院开始实施《排污费征收使用管理条例》，为排除该项市场型经济政策对经济增长的影响，本节同样对该事件进行控制，结果见表4.9中的第（6）列，结果显示市场型环境经济政策对经济增长的"量"具有正向显著的促进作用，结果依然稳健。

4.3.2　随机抽样检验

为了进一步检验上述研究结果是否受地区—年份层面不可观察因素的影响，本节选择用随机分配实验组进行安慰剂检验。随机抽样确保本节核

心解释变量 *time* × *treat* 对经济增长的"量"毫无影响，若政策变量对经济增长产生任何显著的作用，都表明前文的回归结果不够稳健。本节随机抽样 1000 次并对新的样本进行回归并报告估计系数的分布及其相关 p 值，结果见图 4.6。

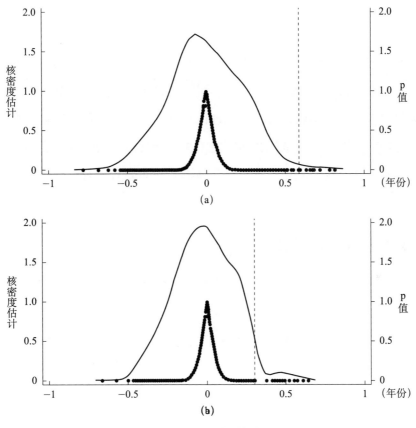

图 4.6　安慰剂检验

X 轴表示来自 1000 个随机分配的估计系数，曲线为估计系数的核密度分布，点是估计系数对应的 p 值，垂直的虚线是表 4.6 中第（1）列和第（6）列的真实估计。其中，图 4.6（a）为未加任何控制变量的安慰剂检验结果，图 4.6（b）为加入所有控制变量的安慰剂检验结果，结果显示 *time* × *treat* 的估计系数均值集中分布在零点附近，大多数估计系数的 p 值大于 0.1，且本节双重差分估计结果在该安慰剂检验中数据表现为异常值，说明本节的研究结果并没有受到地区—年份层面不可观察因素的驱动，市场型环境经济政策对经济增长的"量"有正向的驱动作用，该结果依然稳健。

4.4　异质性检验

前文实证检验结果显示，以二氧化硫排污权交易为代表的市场型环境规制对经济增长的"量"是一种实质性的推动作用，但是随着排污权交易机制的深入推行实施，受限于地理位置特质、资源利用等因素影响，地方政府为更好地适应政策执行而制定的相关配套措施会存在力度和方向等方面的差异，导致二氧化硫排污权交易机制并非会对所有试点地区都存在同等的影响效果。

4.4.1　区域异质性

由前文可知，2007 年先后公布的排污权有偿使用和交易试点包括江苏、天津、浙江、河北、山西、重庆、湖北、陕西、内蒙古、湖南、河南 11 个省（区、市），分布在经济发展水平不同的东、中、西三大经济带，其中，东部试点地区包括天津、河北、江苏和浙江，中部试点地区包括山西、河南、湖北和湖南，西部试点地区包括重庆、内蒙古和陕西。现将 11 个省（区、市）试点地区划分为东、中、西三大经济带进行分组回归，检验排污权交易对不同区域经济增长"量"的区域差异性，结果见表 4.10。

表 4.10　　　　　　　　　　　　东中西区域异质性检验

变量	东部	中部	西部
$time \times treat$	0.223 ** (0.087)	0.459 *** (0.088)	0.451 *** (0.125)
控制变量	是	是	是
_ cons	0.413 *** (0.091)	0.340 *** (0.103)	0.464 *** (0.110)

续表

变量	东部	中部	西部
时间效应	是	是	是
个体效应	是	是	是
N	2373	2226	1197
R^2	0.8664	0.7740	0.7899

注：括号内为标准误差，$**$ 表示 $p<0.05$，$***$ 表示 $p<0.01$。

由表 4.10 可知，排污权交易对经济增长在"量"方面的影响在三大经济带均表现出显著的促进作用，只是在程度大小上的差别。排污权交易对中部地区经济增长的体量影响作用最大，对东部地区的影响作用最小。这是因为东部地区多数为经济发达地区，污染基数比较大，比如东部的河北和天津地区，空气污染非常严重，尤其是在冬季。全国空气质量预报信息发布系统显示石家庄市经常处于空气污染状态，京津冀空气污染成为重灾区治理难度大，再加上空气污染的空间相关性，为加强京津冀地区空气污染治理除了排污权交易外主要还有联防联控治理等相关措施，这会削弱市场型环境规制的经济增长效应。而中部地区在经济体量上原本就没有东部大，加上环境资源相对东部城市来讲不是很紧缺，环境对经济发展的约束相对较低。2004 年，国家开始实施中部地区崛起战略，中部地区的联动发展让地方排污权交易二级市场较东部地区活跃。由于环境要素的利用与整合度较高，在市场型环境规制的约束下，中部地区大力发展新兴产业和节能减排，培育新的经济增长点和动能，经济效益和生态效益协同推进，实现双赢。相对于东中部城市，西部地区的环境资源承载压力相对较小，市场型环境经济政策对新兴产业的创新驱动缓慢，新旧动能转换亟须进一步提速，西部地区的科技创新投入与研发能力虽然有所进步，但相比于东部地区和中部地区还是较少。市场型环境经济政策对企业排污的经济激励在某种程度上可以成为地方经济增长的动力。总之，市场型环境经济政策在东中部地区均实现了梯度型的正向促进作用。

4.4.2 资源利用异质性

从资源利用水平切入，按照国务院印发的《全国资源型城市可持续发展规划（2013－2020年）》文件里公布的全国资源型城市名单进行划分并分组回归，通过分组回归检验排污权交易对经济增长的"量"影响的截面差异，结果见表4.11。

表4.11　　　　　　　　资源型与非资源型城市异质性检验

变量	资源型城市	非资源型城市
$time \times treat$	0.330 *** (0.098)	0.309 *** (0.060)
控制变量	是	是
_ $cons$	0.669 *** (0.107)	0.241 *** (0.067)
时间效应	是	是
个体效应	是	是
N	2310	3486
R^2	0.7287	0.8689

注：括号内为标准误差，＊＊＊表示 $p < 0.01$。

表4.11为资源型城市和非资源型城市的异质性检验结果，结果显示排污权交易对资源型城市经济增长"量"的影响要显著高于非资源型城市。这是因为资源型城市是中国工业化进程的主要作用力，资源丰富度高于非资源型城市，其主要职能是资源型产品的生产和输出，但是也存在对资源过度开发和低效率利用，造成资源浪费以及对自然环境破坏的问题。这时候试点城市中的市场型环境经济政策作用开始显现，不仅对环境问题进行了改善整治，也通过利用资源型城市所具备的优势促进了自身的经济增长。而非资源型城市面临的资源转型压力则大于资源型城市，相关替代产业发展滞后，促进作用的幅度就比较小。

上述提及的规划文件，里面包含200多个资源型城市，占据全国地级市数量的超半数比例，不同等级的经济发展水平对地方资源的开发和利用程度不同，而且这些资源型城市经济社会发展水平差异较大，面临的经济发展矛盾和资源开发、利用等问题不尽相同。根据资源保障能力和可持续发展能力的差异，规划文件又对资源型城市进行细分，划分为成长型、成熟型、衰退型和再生型四种类型。根据该具体分类，本部分通过分组回归检验排污权交易对经济增长"量"的影响在四种类型中的差异，具体结果见表4.12。

表4.12   资源型城市的异质性检验

变量	成长型	成熟型	衰退型	再生型
$time \times treat$	2.484 *** (0.213)	− 0.266 *** (0.100)	0.624 *** (0.188)	− 0.538 * (0.288)
控制变量	是	是	是	是
_ cons	0.044 (0.222)	0.587 *** (0.114)	0.750 *** (0.193)	0.443 (0.269)
时间效应	是	是	是	是
个体效应	是	是	是	是
N	294	1218	462	315
R^2	0.9249	0.7763	0.8423	0.8514

注：括号内为标准误差，* 表示 $p < 0.1$，*** 表示 $p < 0.01$。

由表4.12可知，以二氧化硫排污权交易为代表的市场型环境规制对经济增长"量"的影响在不同类型的城市中表现出明显的类型差异，其中在成长型和衰退型资源型城市中，以二氧化硫排污权交易为代表的市场型环境规制对经济增长"量"的影响表现出显著的正向促进作用。在成熟型和再生型资源型城市中，以二氧化硫排污权交易为代表的市场型环境规制和经济增长的"量"之间的关系均表现出显著的负向作用。这是因为资源型城市位于不同的发展阶段，这种阶段性特征差异比较明显。成长型城市的资源型产业发展较为稳定且具有多样性，成熟型城市的资源型产业发展结果比较单一，产业多元化发展意识薄弱。当资源型产业进入衰退期，新兴产业逐步进入且分布相对比较集中，空间集聚度高。而再生型城市对资源的依赖很低，替代接续产业的发展需要时间，此时对再生型城市的环境政策对企业的发展来说一种额外的压力，对经济增长的作用表现为明显的负作用。

4.5　本章小结

中国经济发展长期保持中高速增长模式，但是也越来越受限于日益紧缩的环境资源。为了实现环境保护与经济增长的"双赢"，政府也在不断探索与颁布各种环境规制政策，逐渐从环境保护让位于经济增长的困境中脱离，制定能与经济增长融合发展的多元化环境治理政策。目前，关于环境政策与经济增长之间的协同推进与共融共生状态机制仍在不断探索之中，但是环境保护是经济增长的新动能毋庸置疑。

本部分基于 1998～2018 年 276 个地级市的样本数据，首先对以二氧化硫排污权交易为代表的市场型环境规制进行政策有效性和证伪检验，选择双重差分模型检验市场型环境规制对经济增长的影响；其次选择用倾向得分匹配、剔除异常值的影响、调整政策时间窗口和排除其他政策的干扰等做了一系列稳健性检验，进一步做安慰剂检验排除地级市—年份不可观测因素的影响；最后对排污权交易试点进行不同经济带划分、是否为资源型城市以及对资源型城市细化分类，检验"量"层面上市场型环境规制对经济增长的异质性影响得出以下结论。

（1）选择用工业废水排放量作为被解释变量做证伪检验时，模型的核心解释变量 $time \times treat$ 均没有通过显著性检验。说明二氧化硫排污权交易对废水排放不存在统计意义上的显著影响，这将提供额外的证据证明满足识别假设。由此可知，工业二氧化硫排放的减少是由二氧化硫排污权交易引起的，而不是由其他因素驱动，支持双重差分估计检验的有效性。

（2）以二氧化硫排污权交易为代表的市场型环境规制对经济增长"量"影响的双重差分检验结果显示，核心解释变量 $time \times treat$ 均在 1% 的水平上显著为正，即排污权交易可以实现对经济增长"量"的正向促进作用。

（3）以二氧化硫排污权交易为代表的市场型环境规制对经济增长"量"影响的倾向得分匹配双重差分法结果显示，核心解释变量 $time \times treat$ 均在 1% 的水平上通过了正向显著性检验且系数方向没有发生变化，本章的主要结论基本成立。在对数据进行缩尾处理、调整政策时间窗口以及排除政策干扰后结果依然稳健。安慰剂检验结果显示本章的研究结果并没有受到地区—年份层面不可观察因素的驱动。

（4）以二氧化硫排污权交易为代表的市场型环境规制对经济增长在"量"方面影响的异质性检验结果显示，在三大经济带均表现出显著的促进作用，只是在程度大小上的差别。排污权交易对中部地区经济增长的体量影响作用最大，对东部地区的影响作用最小。

（5）以二氧化硫排污权交易为代表的市场型环境规制对资源型城市经济增长"量"的影响要显著高于非资源型城市。进一步，以二氧化硫排污权交易为代表的市场型环境规制对经济增长"量"的影响在不同类型的资源型城市中表现出明显的类型差异，其中在成长型和衰退型资源型城市中，以二氧化硫排污权交易为代表的市场型环境规制对经济增长"量"的影响表现出显著的正向促进作用。在成熟型和再生型资源型城市中以二氧化硫排污权交易为代表的市场型环境规制和经济增长的"量"之间的关系均表现出显著的负向作用。

根据以上研究结果，本章得出以下政策启示。

（1）进一步推广市场型环境经济政策。研究结果显示，市场型环境经济政策与经济增长的"量"可以协同发展，因此市场型环境经济政策可以适当拓展试点范围。目前中国资源环境承载能力已逼近上限、生态环境风险仍然很高的事实没变，环境保护过程中仍存在诸多短板，环境治理政策亟须升级，强化市场经济激励机制。"十三五"时期的环境治理成效表明，一项好的经济政策所起的作用是显而易见的，如污水处理收费、超低排放电价补贴等。因此，在市场经济条件下，"十四五"时期需要构建多元化环境治理体系，强化市场经济激励手段，建立多元共治体系。

（2）正确认识环境保护和经济发展的关系。无论是经济增长的"质"还是经济增长的"量"，市场型环境经济政策都可以与之共融共生，起到显著的促进作用，环境保护可以与经济发展协同推进的理念得到了很好的印证。经济增长只在"量"上的扩张不是真正的可持续发展，同时还需要满足在质量上的提升，实证检验也发现，市场型环境经济政策完全可以促进经济的"双面"增长，在环境改善层面实现高质量增长。进一步，可探索将生态资本存量转化为生态资本增量的机制与路径，将环境保护完全融于经济发展之中，坚持在保护中发展，在发展中保护，实现生态与经济的互动与双赢。

（3）探索环境与经济共赢时要考虑区域异质性以及资源利用情况。研究结果发现，市场型环境经济政策与经济增长的"量"可以实现共赢但存在区域异质性。说明市场型环境规制在促进经济增长的同时不能很好地兼顾地区差异，因此排污权交易政策的实施要因地制宜，动态评估地区经济发展情况、环境污染情况以及产业结构现状等考虑一级市场的配额分配以及推进二级市场的活跃度，强化对成熟型和再生型资源型城市的支持力度，持续推动对成长型和衰退型资源型城市的经济激励，更好地释放市场型环境经济政策在经济发展方面的红利效应。

（4）提高生态环境治理现代化治理水平。统筹运用多种环境污染治理手段，新一轮的污染防治攻坚战已经从"坚决打好"转向"深入打好"，对污染防治提出了更高的要求，除了继续发挥行政污染治理手段的作用，也要协同考虑法治、经济等工具的应用。政府应构建全面的法治规则，强化生态保护法治保障。生态保护法律法规在提高企业环境违法成本和推动公众参与等方面发挥了重大作用，让生态环境保护实现有法可依、有法必依，让法律成为生态环境保护刚性的约束和不可触碰的高压线。另外，要健全生态环境经济政策，以绿色发展为导向，深化资源性产品价格和税费改革，同时考虑让绿色金融手段参与环境污染治理，加快推进排污权、用能权、碳排放权市场化交易，完善市场化生态保护补偿。

（5）促进经济实现量的合理增长。经济实现高质量发展离不开经济体量的增加，发展才是硬道理，只有做大经济蛋糕，实现各领域经济不断发展，人民收入持续增长，才能逐步实现共同富裕。当前实现量的合理增长还需化解经济降速压力，可以通过实施减税降费缓解中小企业发展困难，继续实施积极稳健的货币政策和财政政策，引导实体经济加强技术创新和绿色发展支持，扩大市场内需提升经济发展内生动力。此外，区域协调发展也是促进经济增长的重要层面，增强东、中、西部和东北地区发展的平衡性和协调性，降低区域性的贫富差距，避免实现量的合理增长过程中的结构性障碍。但是量的合理增长绝不是单纯的控制经济增长速度，而是在考虑效率、创新、协调等之后的经济增长速度的优化。

第 5 章　市场型环境规制对经济增长"质"的影响研究

随着中国工业化和城镇化进程的快速推进，经济增长在"量"方面已经有了雄厚的基础。但是随着环境污染事件的频繁发生，人们开始对环境质量有了更高的要求，探索如何实现环境保护和经济增长的协同推进成为现在和未来一段时期的一项紧迫任务。在环境污染治理和改善环境质量中，市场型环境规制作为政府和市场双向参与的环境经济政策工具，在环境和经济的协调发展中发挥了重要的作用。本章将考察市场型环境规制对经济增长"质"的影响，以二氧化硫排污权交易为市场型环境经济政策的典型代表，检验两者之间的定量关系，并做进一步的可视化分析。

5.1　研究背景

以排污权交易为代表的市场型环境规制在"十三五"时期的环境质量改善中发挥了重要作用，资源环境生态权益交易机制的推进也是目前国家"十四五"环境经济政策改革中重要的方面，其中就包括继续推动排污权交易。排污权交易是运用经济学原理解决环境污染问题的典型制度安排（胡彩娟，2017），在总量控制的基础上，建立合理的排污权配额分配制度和市场定价动态调整以及剩余配额交易制度，不仅降低了污染减排成本，同时也达到了总量控制的目标。蒙哥马利（Montgomery，1972）、鲍莫尔等（Baumol et al.，1988）也在早期均对排污权交易进行了严谨的论证，且发现排污权交易可以实现降低成本的同时达到总量控制的双重目标。

早在 20 世纪 80 年代中期，中国对排放权交易开始在一些地方进行试点实践探索，90 年代开始逐渐引入排污权交易制度，起初主要为了控制酸雨，随着二氧化硫排放量的增加，大气污染越来越严重，《推动中国二氧化硫排放总量控制及排放权交易政策实施的研究》合作项目在中国开展。在积累了排污权交易经验后，江苏省南通市率先进行了二级市场的排污权交易，根据排放供需，双方在 2001～2007 年不断进行多余排污权的买卖。其间中国开始逐步扩大试点范围，包括山东、山西、江苏等，在江苏省还出现了太仓市和南京市的首例跨市交易，但是目前跨区域交易仍不成熟。2007 年，浙江省嘉兴市挂牌成立第一个二氧化硫排污权交易中心，也表明中国正在探索与地方经济发展特点相适应的排污权交易制度，交易逐步走向制度化和规范化，之后又将天津、浙江和河北等地纳入排污权交易试点范围。为了保障试点地区的排污权交易顺利开展，政府也根据实际情况制定和颁布了诸多政策文件，如《国务院办公厅关于进一步推进排污权有偿使用和交易试点工作的指导意见》《"十三五" 节能减排综合工作方案》等，均对排污权交易制度的建立、机制设计以及突破跨区域交易做了相关要求。

5.2　实证检验

由于早期的试点工作缺乏经验积累，以及相关政策和制度也不完善，所以前期的试点工作存在很多局限性，不仅试点范围有限而且涉及的行业也比较有限，很难建立正式的排污权交易中心，总量控制的前提下政府配额分配机制不完善，排污权交易的二级市场也缺乏活力，几乎没有交易量（任胜钢等，2019），此时的试点工作尚不成熟。

在总结前期试点工作经验的基础上，政府颁布了一系列政策和制度文件，保障试点范围的排污权交易顺利实施，2007 年国务院有关部门拓展了试点范围，先后将江苏、天津、浙江、河北、山西、重庆、湖北、陕西、内蒙古、湖南、河南 11 个省（区、市）纳入排污权有偿使用和交易试点范围，也取得了一定的环境治理效果。为了检验该试点政策的经济效果，选择用双重差分模型考察其政策效应，为保证所有试点地区均在政策研究范围内，本节以 2008 年为政策时间断点，1998～2007 年为政策实施前，2008～2018 年为政策实施后，江苏、天津、浙江、河北、山西、重庆、湖北、陕西、内蒙古、湖南、河南 11 个省份为试点地区，其余省份为非试点地区。

5.2.1 政策有效性检验

由于目前中国以二氧化硫排污权交易为代表的市场型环境规制的相关立法和制度尚不健全，缺乏相应的法律保障，排污权交易的一级市场中政府配额分配机制不完善，二级市场又缺乏交易量，内外部市场在具体运行过程中均存在失灵现象（樊成和潘凤湘，2013），而且根据申晨等（2017）的研究，中国排污权交易试点的政策效应并不稳定，同样，国外学者爱伦等（Allen et al.，2005）研究认为，中国的市场化机制是无效的。因此，在验证市场型环境规制对经济增长"质"的影响时，首先要检验该政策的有效性。本节选择用双重差分模型检验二氧化硫排放量的下降是否是以二氧化硫排污权交易为代表的市场型环境规制引起的，模型如下：

$$(so_2)_{it} = \theta_0 + \theta_1 time \times treat + \theta_i X + \gamma_t + \mu_i + \varepsilon_{it} \qquad (5-1)$$

同第 4 章研究，本节从省份和地级市两个层面检验二氧化硫排污权交易的有效性，其中试点地区有 11 个省份，包括 107 个地级市；非试点地区有 18 个省份，包括 169 个地级市。其中，i 表示省份或地级市，t 代表年份。试点省份以及隶属于试点省份的地级市 $treat=1$，非试点省份以及隶属于非试点省份的地级市 $treat=0$。2008 年之前的年份 $time=0$，2008 年及以后的年份 $time=1$。$time \times treat$ 的系数衡量的是排污权交易试点地区相对于非试点地区二氧化硫排放的平均变化，SO_2 代表各省份或各地级市的工业二氧化硫排放量，X 是一系列控制变量向量，省份控制变量包括教育经费（$edufun$）、实用新型专利数（$patent$）、第二产业从业人员数（cy）、国内生产总值（gdp）、固定资产投资（$assets$），地级市层面的控制变量包括外商直接投资实际使用金额（fdi）、财政分权（$fiscal\_de$）、产业从业人员（$labour$）、固定资产投资（$gdzc$）以及能源消费（$energy$），其中财政分权由公共财政收入与公共财政支出的比例衡量。γ_t 代表的是时间固定效应，控制的是一系列不随个体变化的因素，如宏观政策冲击、财政政策和货币政策等；μ_i 代表的是个体固定效应，控制的是一系列不随时间变化的因素，如地理特征、自然禀赋等；γ_t 和 μ_i 精确地反映了时间特征和个体特征，替代了原来的政策实施变量和原来的地区分组变量，因此模型中不必加入 $time$ 和 $treat$ 单项；ε_{it} 代表随机误差项。本章重点关注系数 θ_1，若 $\theta_1 < 0$，说明排污权交易显著降低了试点地区的二氧化硫排放量。

在排污权交易有效性检验中，省份层面 1998~2002 年、2014 年以及 2017 年工业二氧化硫排放数据来源于历年《中国统计年鉴》、2003~2013 年、2015 年以及 2016 年工业二氧化硫排放数据来源于国研网统计数据库，2018 年的缺失数据由 2016 年和 2017 年数据的均值替代。控制变量中 1999~2018 年教育经费来源于 wind 数据库，1998 年教育经费来源于国研网，实用新型专利数、第二产业从业人员数、固定资产投资以及国内生产总值均来自 wind 数据库，个别缺失数据由均值替代，变量的描述性统计分析见表5.1。

表 5.1   省份变量的描述性统计分析

变量	平均值	标准差	最小值	最大值	样本量
p_so_2	83.54	139.2	1.430	1760	609
p_gdp	13625	15212	245.4	99945	609
p_patent	12845	25906	46	270000	609
p_edufun	585.5	586.1	10.87	4268	609
p_assets	8295	10024	93.06	54236	609
p_cy	683.9	599.1	31.41	2574	609

地级市层面的变量中工业二氧化硫排放量来源于《中国城市统计年鉴》，控制变量中的外商直接投资实际使用金额、公共财政收入、公共财政支出以及产业从业人员数来源于 wind 数据库，固定资产投资以及能源消费相关数据来源于中经网统计数据库，变量的描述性统计分析见表 5.2。

表 5.2   地级市变量的描述性统计分析

变量	平均值	标准差	最小值	最大值	样本量
so_2	52459	58150	2.00	683162	5796
$labour$	249.1	188.5	5.54	1718	5796
$revenue$	121.9	347.3	0.03	7108	5796
$expenditure$	213.7	431.3	0.00	8352	5796
fdi	5.531	14.80	0.00	243.3	5796
$energy$	26665	109042	0.00	2.502×10^6	5796
$gdzc$	4.694×10^6	1.02×10^7	1.50	1.94×10^8	5796

为正确评估政策效果，双重差分法在应用时有其特定的前提条件，即满足平行趋势检验。排污权交易对二氧化硫排放影响的平行趋势检验结果见图 5.1。

其中，图 5.1（a）为省级二氧化硫排放平行趋势检验图，图 5.1（b）为地级市二氧化硫排放平行趋势检验图。由图 5.1 可知，在 2008 年之前，实验组和控制组的工业二氧化硫排放变化趋势保持一致，且实验组的工业二氧化硫平均排放高于控制组，满足平行趋势检验。2008 年之后，无论是实验组还是控制组的二氧化硫排放都开始出现下降趋势，其中实验组的波动幅度大于控制组，初步判断二氧化硫排放量的波动式下降是由排污权交易的实施引起的。接下来实证检验排污权交易的政策有效性，结果见表 5.3。

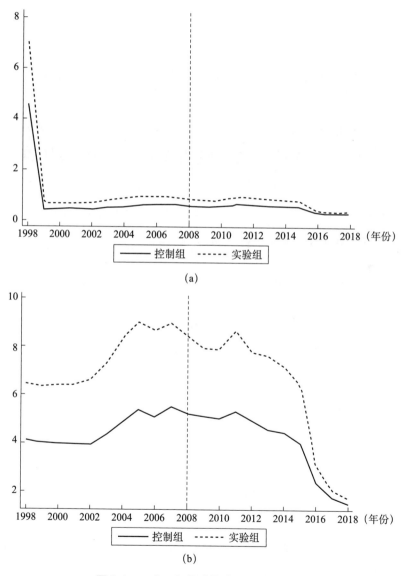

图 5.1　工业二氧化硫排放平行趋势检验

表5.3　　　　　　　　　　　政策有效性检验结果

变量	省级	地级市
$time \times treat$	-0.175^{**}	-0.167^{**}
	(0.082)	(0.070)
控制变量	是	是
$\_cons$	-0.042	10.411^{***}
	(2.190)	(0.086)
时间效应	是	是
个体效应	是	是
N	609	5796
R^2	0.8561	0.3312

注：括号内为标准误差，$**$ 表示 $p < 0.05$，$***$ 表示 $p < 0.01$。

由表5.3可知，无论是在省级层面还是地级市层面，$time \times treat$ 的系数均在5%水平上显著为负，说明排污权交易显著降低了二氧化硫排放。相对于省级层面非试点地区，试点地区的工业二氧化硫排放量下降了0.175万吨，相对于地级市层面的非试点地区，试点地区的工业二氧化硫排放量下降了0.167万吨。

5.2.2　模型构建

为了检验以二氧化硫排污权交易为代表的市场型环境规制对经济增长"质"的影响，本章仍然构建双重差分模型，具体如下：

$$gtfp_{it} = \alpha_0 + \alpha_1 time \times treat + \alpha_i X + \gamma_t + \mu_i + \varepsilon_{it} \qquad (5-2)$$

其中，$gtfp_{it}$ 代表地级市 i 在 t 年的绿色全要素生产率，试点省份以及隶属于试点省份的地级市 $treat = 1$，非试点省份以及隶属于非试点省份的地级市 $treat = 0$。2008年之前的年份 $time = 0$，2008年及以后的年份 $time = 1$。$time \times treat$ 的系数衡量的是排污权交易试点地区相对于非试点地区绿色全要素生产率的平均变化。X 是一系列控制变量向量，包括外商直接投资实际使用金额（fdi）、财政分权（$fiscal\_de$）、产业从业人员（$labour$）、固定资产投资（$gdzc$）以及能源消费（$energy$），其中财政分权由公共财政收入与公共财政支出的比例衡量。γ_t 代表的是时间固定效应，控制的是一系列不随个体变化的因素，如宏观政策冲击、财政政策和货币政策等；μ_i 代表的是个体固定效应，控制的是一系列不随时间变化的因素，如地理特征、自然禀赋等；γ_t 和 μ_i 精确地反映了时间特征和个体特征，替代了原来的政策实施变量和原来的地区分组变量，因此模型中不必加入 *time* 和 *treat* 单项；ε_{it} 代表随机误差项。本章重点关注系数 α_1，若 $\alpha_1 > 0$，说明排污权交易显著促进了试点地区的绿色全要素生产率，即以排污权交易为代表的市场型环境规制对经济增长的"质"存在显著的正向影响。变量的描述性统计分析同表 5.2，此处不再赘述。

在排污权交易对经济增长"质"的影响检验中，经济增长的"质"选择用非角度和非径向的 SBM 模型度量的绿色全要素生产率指标衡量，具体衡量方法见前文第三章经济增长的"质"部分，其时间序列变化同前文图 3.7。

5.2.3　政策评估

利用模型（5-2）检验以排污权交易为代表的市场型环境规制对经济增长"质"的影响时，其平行趋势检验结果如图 5.2 所示。

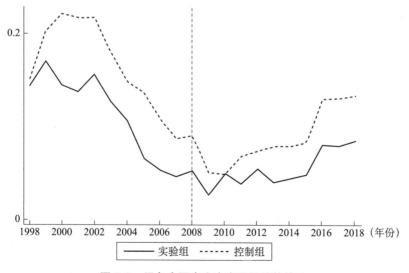

图 5.2　绿色全要素生产率平行趋势检验

由图 5.2 可知，2008 年之前绿色全要素生产率经历了先上升后下降的过程，实验组绿色全要素生产率水平低于控制组，且两者的趋势基本完全一致，满足政策实施前的平行趋势假设。2008 年之后，无论是控制组还是实验组的绿色全要素生产率水平开始上升，且控制组的绿色全要素水平一直高于实验组，但实验组的绿色全要素水平波动性更强。接下来检验排污权交易对经济增长"质"的影响，结果见表 5.4。

表 5.4　　　　　　　　市场型环境规制对经济增长"质"的影响

变量	(1)	(2)	(3)	(4)	(5)	(6)
$time \times treat$	0.0186 *	0.0174 *	0.0189 *	0.0181 *	0.0181 *	0.0180 *
	(0.0103)	(0.0102)	(0.0102)	(0.0102)	(0.0102)	(0.0102)
fdi		0.0549 ***	0.0779 ***	0.0456 **	0.0445 *	0.0444 *
		(0.0157)	(0.0179)	(0.0213)	(0.0232)	(0.0232)
$labour$			-0.0906 *	-0.1127 **	-0.1133 **	-0.1131 **
			(0.0515)	(0.0518)	(0.0523)	(0.0523)
$gdzc$				0.0860 **	0.0854 **	0.0854 **
				(0.0365)	(0.0366)	(0.0366)
$energy$					0.5712	0.5899
					(3.7687)	(3.7726)
$fiscal\_de$						-0.0084
						(0.0110)
$\_cons$	0.1482 ***	0.1469 ***	0.1658 ***	0.1708 ***	0.1708 ***	0.1711 ***
	(0.0100)	(0.0100)	(0.0145)	(0.0146)	(0.0146)	(0.0147)
时间效应	是	是	是	是	是	是
个体效应	是	是	是	是	是	是
N	5796	5796	5796	5796	5796	5795
R^2	0.1723	0.1737	0.1747	0.1759	0.1759	0.1759

注：括号内为标准误差，* 表示 $p < 0.1$，** 表示 $p < 0.05$，*** 表示 $p < 0.01$。

由表 5.4 可知，核心解释变量 $time \times treat$ 均在 10% 的水平上显著为正，即以二氧化硫排污权交易为代表的市场型环境规制显著提高了经济增长的"质"。表中第 (1) 列至第 (6) 列为依次加入控制变量的过程，结果显示核心解释变量 $time \times treat$ 的系数符号和显著性没有发生根本性的改变，且在依次加入控制变量的过程中拟合优度也在不断增加，可见本节回归结果具有很好的稳健性。市场型环境规制之所以可以提高经济增长的"质"，主要是因为市场型环境规制是以市场的力量为主导，排污主体在

自主污染减排时可以在二级交易市场中根据市场排污权的供需合理出售多
余的排污权获得经济激励，这实际上也是对企业主动承担污染减排责任的
一种补偿。从污染减排成本的角度分析，这种经济激励也可以弥补部分污
染减排投入成本，降低企业的生产成本。当这种补偿效应大于企业的成本
时，企业愿意投入更多的技术手段进行自主减排，不仅可以从交易市场获
得经济激励，高附加值的产品还可以提高企业在产品市场中的竞争力，其
实也是企业实现环境保护和经济增长的双赢抉择。

5.3　稳健性检验

同本书第 4 章研究方法，仍然选择用倾向得分匹配双重差分法解决选
择性偏差问题并作为稳健性检验。

5.3.1　PSM-DID

具体做法为选择 Logit 模型，以 $treat$ 为被解释变量，以外商直接投
资、产业从业人员、固定资产投资、能源消费和财政分权作为相应的协变
量进行近邻匹配，匹配之后的平衡性检验结果见表 5.5。

表 5.5　　　　　　　　　　　　平衡性检验结果

变量	均值		% bias	t-test	V (T) /V (C)
	实验组	控制组			
fdi	0.0618	0.0691	− 5.0	− 0.51	0.64
$labour$	0.2848	0.2897	− 2.7	− 0.91	0.78
$gdzc$	0.0511	0.0574	− 5.9	− 2.01	0.88
$energy$	0.0002	0.0003	− 6.5	− 2.09	0.65
$fiscal\_de$	0.0086	0.0088	− 0.7	− 0.30	0.28

表 5.5 显示，匹配后实验组和控制组各变量的标准化偏差（% bias）
均小于10%，而且大多数变量的 t 统计量检验结果都不显著，即不拒绝实
验组与控制组无系统差异的原假设，表明匹配结果是有效的。接下来检验

倾向得分匹配的共同取值范围条件，结果如图5.3所示。

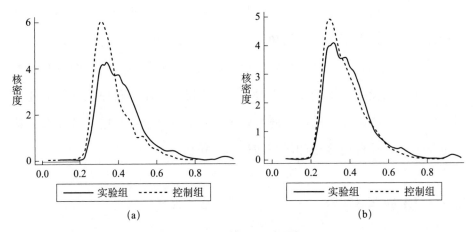

图5.3 倾向得分匹配核密度估计

结果显示，图5.3（a）即匹配前实验组和控制组倾向得分的概率分布存在明显的差异且共同取值范围较小；图5.3（b）即匹配后两者的分布具有较好的一致性且共同取值范围增大，落在非共同取值范围内的少数样本在估计平均处理效应时被剔除，故可以保证待估参数的准确性。

基于匹配之后的新样本，本节重新估计以二氧化硫排污权交易机制为代表的市场型环境规制对经济增长"质"的影响。为了保证前后结果的对比性，模型中采取逐步加入控制变量进行双重差分倾向得分匹配回归，结果见表5.6。

表5.6 　　　　　　　　　PSM-DID 回归估计检验结果

变量	(1)	(2)	(3)	(4)	(5)	(6)
$time \times treat$	0.0177 *	0.0166 *	0.0181 *	0.0176 *	0.0172 *	0.0171 *
	(0.0103)	(0.0102)	(0.0103)	(0.0102)	(0.0102)	(0.0102)
fdi		0.0523 ***	0.0748 ***	0.0273	0.0374	0.0373
		(0.0156)	(0.0179)	(0.0207)	(0.0231)	(0.0231)
$labour$			− 0.0877 *	− 0.1215 **	− 0.1161 **	− 0.1156 **
			(0.0531)	(0.0544)	(0.0548)	(0.0549)
$gdzc$				0.1323 ***	0.1336 ***	0.1342 ***
				(0.0430)	(0.0416)	(0.0418)
$energy$					− 4.4373	− 4.4260
					(3.9415)	(3.9422)

续表

变量	(1)	(2)	(3)	(4)	(5)	(6)
fiscal_de						-0.0470
						(0.0430)
_cons	0.1486 ***	0.1474 ***	0.1653 ***	0.1728 ***	0.1723 ***	0.1730 ***
	(0.0101)	(0.0101)	(0.0146)	(0.0149)	(0.0150)	(0.0150)
时间效应	是	是	是	是	是	是
个体效应	是	是	是	是	是	是
N	5773	5773	5773	5773	5773	5772
R^2	0.1725	0.1737	0.1747	0.1763	0.1768	0.1770

注：括号内为标准误差，＊表示 $p<0.1$，＊＊表示 $p<0.05$，＊＊＊表示 $p<0.01$。

结果显示，核心解释变量 *time* × *treat* 均在 10% 的水平上通过了正向显著性检验且系数方向没有发生变化，本节的主要结论基本成立。

5.3.2 随机抽样检验

为了进一步检验研究结果是否受地区—年份层面不可观察因素的影响，本节选择用随机分配实验组进行安慰剂检验。随机抽样确保本节核心解释变量 *time* × *treat* 对经济增长毫无影响，抽样结果应该显示市场型环境规制对经济增长的"质"没有任何显著的表现。本节选择 1000 次的随机抽样，并基于随机抽样的新样本进行回归，结果如图 5.4 所示。

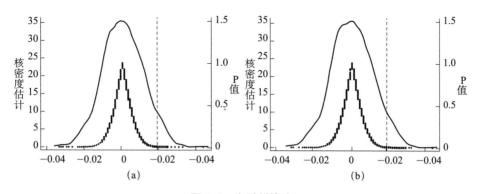

图 5.4 安慰剂检验

图 5.4（a）为未加任何控制变量的估计系数的分布及其相关 p 值的安慰剂检验结果，图 5.4（b）为加入所有控制变量的估计系数的分布及

其相关 p 值的安慰剂检验结果，曲线为估计系数的核密度分布，X 轴表示来自 1000 个随机分配的估计系数，点是估计系数对应的 p 值，垂直的虚线是表 5.4 中第（1）列和第（6）列的真实估计。结果显示，$time \times treat$ 的估计系数均值绝大多数分布在零点附近且估计系数对应的 p 值大于 0.1，本章节的双重差分基本回归估计结果在该安慰剂检验中数据表现为异常值，说明本节的研究结果并没有受到地区—年份层面不可观察因素的驱动。

5.4 异质性检验

前文实证检验结果显示，以二氧化硫排污权交易为代表的市场型环境规制对经济增长的"质"是一种实质性的推动作用，但是随着排污权交易机制的深入推行实施，受限于地理位置特质、资源利用等因素影响，地方政府为更好地适应政策执行而制定的相关配套措施会存在力度和方向等方面的差异（陈冬华和姚振晔，2018），导致二氧化硫排污权交易机制并非会对所有试点地区都存在同等的影响效果。

5.4.1 区域异质性

由前文可知，2007 年先后公布的排污权有偿使用和交易试点包括江苏、天津、浙江、河北、山西、重庆、湖北、陕西、内蒙古、湖南、河南 11 个省（区、市），分布在经济发展水平不同的东、中、西三大经济带，其中东部试点地区包括天津、河北、江苏和浙江，中部试点地区包括山西、河南、湖北和湖南，西部试点地区包括重庆、内蒙古和陕西。现将 11 个省（区、市）试点地区划分为东中西三大经济带进行分组回归，检验排污权交易对不同区域经济增长"质"的区域差异性，结果见表 5.7。

表 5.7　　　　　　　　　　　　东中西区域异质性检验

变量	东部	中部	西部
$time \times treat$	0.041 *** (0.012)	0.019 (0.017)	−0.023 (0.033)
控制变量	是	是	是
_ cons	0.119 *** (0.018)	0.230 *** (0.025)	0.248 *** (0.050)
时间效应	是	是	是
个体效应	是	是	是
N	2372	2226	1197
R^2	0.1423	0.2491	0.2232

注：括号内为标准误差，*** 表示 $p < 0.01$。

由表 5.7 可知，在"质"的层面上，以二氧化硫排污权交易为代表的市场型环境规制对经济增长的影响表现出明显的区域异质性。这是因为试点地区分布在地理位置、经济发展水平以及资源利用水平不同的区域，在这些区域内进行市场型环境规制的政策试点，要考虑当地推行试点政策的市场化程度，由于三大区域市场化的完善机制不同，市场型环境规制的政策效应才出表现出明显的差异。东部地区以市场为手段的环境污染治理工具的机制设计相对比较完善，一级市场的配额分配以及二级市场的排污权交易量有制度和政策保障，其他诸如绿色信贷、绿色基金等新兴的绿色金融进展也比较顺利，但是也会存在一些问题，比如一些早期的试点企业可以无偿取得排污权，但是后期排污权有偿使用，政府定价所有企业均以相同的价格购买排污权，就会出现主动参与污染减排企业成本很高的现象，继而出现环境治理的反效果。

与东部地区的排污权交易比较，中部和西部地区的市场化机制还远不够成熟。中部地区的排污权融资工具比较缺乏，主要有排污权的使用、转让、抵押和租赁、回购等权利，且这些排污权的权利形式比较单一，难以进行多样化的创新，但是随着绿色金融等新型市场化手段的融入，环境治理的市场型环境规制工具越来越多样化，市场化程度也会越来越高。西部地区市场化机制存在的主要问题就是排污权交易的二级市场不活跃，政府过多干预二级市场中企业之间排污权的交易，不能对二级市场交易进行有效追踪和核查，容易出现断层现象。鉴于东、中、西部区域在发展过程中存在诸多差异，市场化环境规制对经济增长的"质"产生差异化的影响效果。

5.4.2　资源利用异质性

从资源利用水平切入，按照国务院印发的《全国资源型城市可持续发展规划（2013－2020 年)》文件里公布的全国资源型城市名单进行划分并分组回归，通过分组回归检验排污权交易对经济增长质的截面差异，结果见表 5.8。

表 5.8　　　　　　　　　资源型与非资源型城市异质性检验

变量	资源型	非资源型
$time \times treat$	0.024 (0.019)	0.019 ** (0.012)
控制变量	是	是
_ cons	0.259 *** (0.038)	0.141 *** (0.016)
时间效应	是	是
个体效应	是	是
N	2310	3485
R^2	0.2461	0.1430

注：括号内为标准误差，** 表示 $p < 0.05$，*** 表示 $p < 0.01$。

表 5.8 为资源型城市和非资源型城市的异质性检验结果，结果显示排污权交易对非资源型城市经济增长"质"的影响要显著高于资源型城市。这是因为当前整个国际社会经济发展不确定性增加，加之新冠肺炎疫情的严重冲击导致国内不同地区之间的发展出现不平衡与不协调的问题，由于内外影响因素的交织出现，资源型城市的发展面临严峻挑战。有些地方依赖当地丰富的资源过度开发且综合利用水平低，导致资源严重浪费，尤其是对不可再生资源造成严重的破坏，部分高耗能、高排放和高污染行业的接续替代产业发展滞后，进而导致资源型城市的经济发展与环境保护不协

调的矛盾比较突出。而非资源型城市相对资源型城市发展而言，虽然缺乏必要的资金和政策支持，资源储备补偿机制尚不完善，但是经济增长的"阻碍型"因素的影响相对比较平缓，因此排污权交易对资源型城市和非资源型城市经济增长"质"的作用出现了异质性结果。

上述提及的规划文件，里面包含 200 多个资源型城市，由于资源型城市占据超半数的地级市数量，差异化的经济发展过程中对资源的开发程度不同，而且这些资源型城市经济社会发展水平差异较大，面临的经济发展矛盾和资源开发、利用等问题不尽相同。根据资源保障能力和可持续发展能力差异，规划文件又将资源型城市细化分类，划分为成长型、成熟型、衰退型和再生型四种类型。根据该具体分类，本部分通过分组回归检验排污权交易对经济增长"质"的影响在四种类型中的差异，具体结果见表 5.9。

表 5.9　　　　　　　　　　　　　资源型城市的异质性检验

变量	成长型	成熟型	衰退型	再生型
$time \times treat$	0.140 ** (0.061)	0.015 (0.024)	-0.046 (0.050)	0.047 * (0.025)
控制变量	是	是	是	是
_ cons	0.426 *** (0.070)	0.243 *** (0.053)	0.381 *** (0.084)	0.126 ** (0.047)
时间效应	是	是	是	是
个体效应	是	是	是	是
N	294	1218	462	315
R^2	0.34900491	0.27684816	0.31705631	0.4487906

注：括号内为标准误差，* 表示 $p < 0.1$，** 表示 $p < 0.05$，*** 表示 $p < 0.01$。

由表 5.9 可知，以二氧化硫排污权交易为代表的市场型环境规制对经济增长"质"的影响在不同类型的资源型城市中表现出明显的类型差异，其中在成长型和再生型资源型城市中，以二氧化硫排污权交易为代表的市场型环境规制对经济增长"质"的影响表现出显著的正向促进作用，在成熟型和衰退型资源型城市中，以二氧化硫排污权交易为代表的市场型环境规制对经济增长"质"的影响均没有通过显著性检验。主要是因为成长型的资源型城市处于发展的强劲阶段，有充足的资源储备，能够满足经济社会实现绿色与可持续发展的需要。再生型的资源型城市产业结构调整步伐较快，转变了传统的经济发展方式，经济社会发展比较不再依赖当地资源，经济结构持续优化，对外开放深度和科技创新水平都有所加强，产业不断更新换代，战略性新兴发展较快，经济发展体量和质量大幅度提升。成熟型的资源型城市对资源的利用率较高，经济社会发展过程中对资源的开发程度适中，有雄厚的资源基础，但是资源深加工龙头企业和产业集群较少，对生态环境问题的重视度不高，将企业生态环境恢复治理成本内部化的机制不够完善，城市功能以及城镇化质量不高。衰退型的资源型城市由于资源有限且不可再生，资源依赖型的产业发展动力不足，新兴接续替代产业发展滞后，生态环境问题突出，治理难度较大，此类城市的历史遗留问题比较突出，生态问题修复难度大，经济发展也相对比较落后，技术创新水平以及产业更新换代能力相对比较薄弱，导致经济增长质量欠佳。

5.5 本章小结

在当前经济增长需要向高质量转变的发展阶段，经济增长的"质"开始逐渐受到关注，而关于经济增长和环境规制之间的相容发展一直是研究的热点话题。长期以来，命令型环境规制一直占据环境治理主导地位，随着环境污染类型、环境污染程度等问题日益错综复杂，加之中国环境污染具有明显的区域性和复合型特征，以排污权交易为代表的市场型环境经济政策就有必要向更深更实的方向推广。命令型环境规制与经济增长之间的关系一直未出现定性或定量的统一结论，主要观点有严格但适宜的环境规制能够实现环境质量的改善与经济增长的双赢发展（李树和陈刚，2013）、试点地区政策对经济增长的作用有限的同时也并未实现污染物的大幅度减排（涂正革和谌仁俊，2015）等。因此，本章节研究以二氧化硫排污权交易为代表的市场型环境规制对经济增长"质"的影响，考察环境保护和经济发展是否可以协同推进。

本部分基于 1998 ~ 2018 年 276 个地级市的样本数据，首先选择双重差分模型对排污权交易政策的有效性进行检验并对排污权交易政策能否促进经济实现"质"的突破进行考察，其次选择倾向得分双重差分法对研究结果做稳健性检验，进一步做安慰剂检验排除地级市—年份不可观测因素的影响，最后对排污权交易试点进行不同经济带划分、是否为资源型城市以及对资源型城市细化分类，考察以排污权交易为代表的市场型环境规制对经济增长质量影响的异质性，得出以下结论。

（1）以排污权交易为代表的市场型环境规制政策的有效性检验结果显示，无论是在省级层面还是地级市层面，$time \times treat$ 的系数均在 5% 水平上显著为负，说明排污权交易显著降低了二氧化硫排放。

（2）以排污权交易为代表的市场型环境规制对经济增长"质"的双重差分检验结果显示核心解释变量 $time \times treat$ 均在 10% 的水平上显著为正，即排污权交易可以实现对经济增长"质"的正向促进作用。

（3）以排污权交易为代表的市场型环境规制对经济增长"质"的倾向得分匹配双重差分法结果显示，核心解释变量 $time \times treat$ 均在 10% 的水平上通过了正向显著性检验且系数方向没有发生变化，本章的主要结论基本成立。安慰剂检验结果显示，本章的研究结果并没有受到地区—年份层面不可观察因素的驱动。

（4）以二氧化硫排污权交易为代表的市场型环境规制对经济增长"质"的影响的异质性检验结果显示，非资源型城市经济增长"质"的政策效应要明显高于资源型城市。在成长型和再生型资源型城市中，以二氧化硫排污权交易为代表的市场型环境规制对经济增长"质"的影响表现出显著的正向促进作用。在成熟型和衰退型资源型城市中，以二氧化硫排污污权交易为代表的市场型环境规制和经济增长的"质"之间的关系均没有通过显著性检验。

根据以上研究结果，本章得出以下政策启示。

（1）面临经济发展和环境污染治理的双重压力，应充分借力以市场为主导的环境规制。研究结果表明，以二氧化硫排污权交易为代表的市场型环境规制显著促进了地区经济增长的"质"。这一研究结果充分证明了环境可以成为经济增长有效的资本要素，环境保护和经济增长是可以实现同频共振和共融发展。因此，不断完善市场型环境规制的机制和制度将是接下来环境治理的重点内容，同样也要厘清不同类型的环境规制对经济增长的作用方向。针对市场型环境规制政府在一级市场的配额分配要根据企业发展情况制定，不应过度干预二级市场的排污权交易情况，但是要主动核查和追踪交易量以及交易额，鼓励企业根据市场定价主动进行排污权交易，激发二级市场交易活力。此外，政府应主动宣传新兴市场型环境规制工具，创新环境污染治理方式。

（2）在发挥市场型环境规制的作用时，政府和市场应分工明确。根据研究结果可知，以二氧化硫排污权交易为代表的市场型环境规制对经济增长有显著的促进作用，说明政府的保障性功能和市场的供需调节互不受干扰，政府和市场的功能划分要有明确的边界。排污权交易有偿使用时，政府应该根据当地的污染排放总量合理定价排污权和配额使用期限，企业应根据排放需求在排污权交易的二级市场通过市场定价购买排放需求，此时排污权的交易应由市场根据供需情况调控，政府应充当监管和服务的角色，不能过度干预市场定价，政府和市场明确功能界限才能发挥更好的政策效应。

（3）在推行排污权交易试点时应充分考虑到试点地区之间的差异性。研究结果显示，不同经济带以及不同类型的城市其政策效应存在明显的异质性，说明市场型环境规制在发挥作用的时候没能很好地兼顾地域差异和资源类型。因此，试点地区在推行排污权交易的时候要根据地方特点和发展情况各施其政。此外，市场型环境规制的配额分配、制度设计等相关政策应该向中西部地区倾斜，实现市场型环境规制的均衡发力。

（4）培育发展全国统一生态环境市场。生态环境污染具有明显的区域性特点和邻避效应，统一生态环境市场建设有助于使用市场化手段推动生态环境要素资源在不同区域、不同行业以及不同企业之间自由流动，最终实现资源的有效配置。排污权交易、用能权交易、用水权交易以及碳排放权交易都是全国统一生态环境市场的组成部分，政府应考虑加强各种交易之间的衔接、产业承受力以及竞争力，破除环境权益跨区域交易存在的制度障碍，消除制度重叠。关于环境权益的规范性文件多为地方性质，约束力、激励性和示范性存在更多的改善空间，一级市场的初始额分配以及二级市场的法律监管存在缺陷，国家层面的统一规范可以增加更多的操作性，弥补制度和监管缺陷。此外，加强技术支撑体系建设可以明确环境权益交易情况和开展后续核查工作，促进全国统一生态环境市场建设。

（5）促进经济实现质的稳步提升。经济实现高质量发展最终的落脚点是质的提升，只有质的提升才能为经济增长提供可持续动力发展。这就要求需将传统的发展模式升级转型，生成新业态新模式。短期内对现有的发展模式和治理机制将面临严峻的挑战，宏观经济的不稳定和不确定会增加，但是长期来看此举有助于形成新的发展动力。同时，实现质的稳步提升也需要理性评估外部风险，先立后破，把握经济发展规律，尤其是当前依然面临需求收缩、供给冲击、预期转弱的叠加压力，更要正确理性看待国内国际发展形势，发挥市场在资源配置中的作用，防范量变到质变过程中的系统性风险。同时，质的稳步提升反过来可以促进量的合理增长，在促进质的有效提升中建立的现代产业体系、产业结构的优化调整、传统产业的升级以及涌现的新业态和新模式等都可以实现量的合理增长。

第6章 市场型环境规制对经济增长影响的机制分析

第4章和第5章已经验证市场型环境规制对经济增长"量"和"质"的影响，接下来验证市场型环境规制通过何种渠道影响经济增长"量"和"质"。根据第二部分内容，本章选取产业结构升级和技术创新两个中介变量，检验市场型环境规制影响经济增长"量"和"质"的产业结构升级效应和技术创新效应。

6.1 机制分析

"绿水青山就是金山银山"的"两山论"理念已经普及，这充分说明了环境保护与经济增长也并非非此即彼的关系，而是对立统一的关系。另外，前文也已经验证市场型环境经济政策不仅促进了经济体量上的增加，对经济增长质量也是一种实质性的推动。接下来，本节将从产业结构升级和技术创新两个渠道验证实现市场型环境规制经济效应的机制。

6.1.1 产业结构升级

前文研究结果显示，市场型环境规制不仅推动了经济在"量"上的增长，同时促进了经济质量改善。中国经济进入新常态模式，既要防止经济增长态势低迷，又要正确对待中国经济增长速度由高速转向中高速带来的机遇和挑战，新常态带来的新的发展机遇其中就包括经济结构持续优化升级，同时也是"降污染""降排放"和"降消耗"的关键路径，可以协同经济可持续发展和环境保护（原毅军和谢荣辉，2014）。传统粗放型的经济发展方式虽然带来了经济体量的增加，但对资源环境造成了巨大的压力，自然环境的自我修复功能已经基本失效，环境承载力或许已经达到上限，经济发展质量严重落后于经济发展体量，无法实现质量和体量的协同推进，因此传统经济发展方式亟须改革与转型升级。考虑到企业自身发展，命令型环境规制方式让企业承担了环境保护的外部性成本，导致面临巨大的生产成本，以市场为基础的环境经济政策在一定程度上缓解了企业的污染减排成本，同时也给企业带来了一定的转型机会和转型压力，因此产业结构调整是市场型环境规制经济效应的重要传导路径。

接下来从淘汰落后产能、发展新兴产业和优化产业布局三个层面说明产业结构的中介效应。

首先是淘汰落后产能。在当前环境保护与经济发展需协同推进的背景下，产业结构调整与升级也正在同步进行，比如把环境监管作为淘汰落后产能的重要手段（郭克莎，2019），依靠加强环保指标监控等技术、经济和法律手段，从制度和机制上加快淘汰煤炭和钢铁等行业中的落后产能，同时大力发展战略新兴行业也是在国内需求严重不足条件下推进产业结构调整升级的重要途径。

其次是发展新兴产业。新兴产业相比于传统产业污染少，资源利用率高，市场发展空间潜力大。大数据、人工智能以及物联网的普及将带动传统高消耗、高污染、高排放行业改造升级，提升现代服务业的新动能以及对现代服务业的新需求，当然也不能忽略工业制造业在拉动中国经济增长方面的贡献，需倡导产业之间的共融共生，促进产业间要素的合理流动以及利用，引导市场资源合理配置，完善产业结构政策以缓解产业结构矛盾，对产业发展适时进行阶段性评估以引导产业合理进入与退出。市场化的经济政策削弱了计划经济和行政手段的干预，可以为产业结构长期的动态优化调整提供路径，在促进环境质量改善的同时，又提升了经济的发展质量。

最后是优化产业布局。产业结构调整升级是"十四五"时期甚至更长时期内很重要的一项工作，目前中国产业结构布局仍面临诸多突出的问题，引导产业在不同区域之间的合理布局至关重要。西部地区目前需形成产业结构发展新格局，增加产业承接竞争力，因此，应引导中东部新兴产业合理向西部转移，支持西部地区发展高端芯片研发与生产、装备制造和新能源等产业，鼓励西部地区发挥地域优势，发展农林牧渔、旅游和贸易加工等特色产业，依赖生态环境保护增加节能环保、资源综合利用等产业目录，实现东中西部地区产业协调发展。

6.1.2 技术创新

中国经济经历了 40 年的增长"奇迹"，但是其背后引发的环境问题愈来愈严重。对资源的过度消耗，毫无节制地向大气中排放污染气体以及严重的企业偷排现象导致中国环境质量严重下降，为此政府也相继出台了诸多环境治理政策，包括命令型环境政策、市场型环境政策、公众参与管理办法以及相关行政法律法规，企业面临这些外部性约束压力，不得不从自身开始改革，除了前文的产业结构升级路径以外，技术创新也是环境政策影响经济增长的重要路径（陶静等，2020）。也有诸多学者针对命令型环境规制检验了"波特假说"在中国是否存在，主要是通过对其严格程度的量化分析，检验二者之间的非线性关系。但市场型环境规制与之不同的是，市场经济存在一级市场的配额分配以及二级市场的环境权益交易，市场交易价格和交易量会根据市场情况自发调节，很大程度上降低了政府的行政干预，因此在总量控制的前提下，企业会自发进行技术革新，将多余的配额在环境权益交易平台出售，获取更多的经济激励。市场型环境规制约束下，包括产品创新、工艺创新等多种技术进步方式都能显著促进经济绿色增长，推动环境保护与经济增长的协同发展。

市场型环境规制将环境问题视为生产要素纳入企业，通过环境权益交易价格的动态变化影响企业的成本或利润，企业根据自身发展情况适当进行技术创新。企业进行技术创新投入，不仅缓解了环境的外部性成本压力，同时也有利于企业的中长期发展，技术创新在市场型环境规制与经济发展之间起到了很好的中介效应。短期来看，企业的技术创新投入确实增加了企业的生产成本，随着对生态环境的监管越来越严格，不管哪种类型的环境政策约束都会要求企业污染减排。相比于传统行政手段，市场型环境规制将鼓励企业自主减排，内化环境成本，降低环境治理成本与行政监控成本，促进了环保技术创新，增强企业市场竞争力。

由于技术创新给企业带来的收益存在滞后，从中长期的角度来看技术创新效应不仅会弥补环境约束成本，同时也会部分抵销企业生产要素投入的其他成本。另外，企业为了留存市场也必须依靠技术支撑，而且在环境目标约束越来越严格的趋势下，政府会为进行技术升级改造的企业进行财政补贴，以减小企业的生产成本或竞争压力，增加企业主动减排进行技术改造的积极性。环境目标约束一方面为某些企业进入市场设置了技术壁垒，另一方面也淘汰了一些技术不达标企业，从而拓宽了技术创新企业的市场空间，增加企业收益。

6.2　产业结构升级效应模型构建

本部分将选择用中介效应模型来检验市场型环境规制影响经济增长的产业结构升级作用机制。

6.2.1　模型构建及变量说明

根据前文影响机制分析，选取产业结构升级系数作为中介变量，检验产业结构的升级效应，借鉴高翔等（2018）模型设定如下：

$$economy_{it} = b_0 + b_1 market\_ers_{it} + \lambda_i X_{it} + \delta_i + \chi_t + \varepsilon_{it} \quad (6-1)$$

$$upgrade_{it} = a_0 + a_1 market\_ers_{it} + \lambda_i X_{it} + \delta_i + \chi_t + \varepsilon_{it} \quad (6-2)$$

$$economy_{it} = c_0 + c_1 market\_ers_{it} + c_2 upgrade_{it} + \lambda_i X_{it} + \delta_i + \chi_t + \varepsilon_{it}$$

$$(6-3)$$

其中，$economy$ 代表经济增长的"量"和"质"，衡量指标为前文的人均地区生产总值和绿色全要素生产率，$market\_ers$ 代表市场型环境规制，具体为前文 $time$ 和 $treat$ 相交乘的虚拟变量，2008 年及以后的试点地区 $market\_ers$ 取值为 1，否则 $market\_ers$ 取值为 0。$upgrade$ 为产业结构升级中介变量，X 为一系列控制变量向量，不同的被解释变量对应不同的控制变量，参考第 4 章和第 5 章的内容，数据来源同前文，此处不再过多赘述。χ_t 代表的是时间固定效应，控制的是一系列不随个体变化的因素，比如宏观政策冲击、财政政策和货币政策等；δ_i 代表的是个体固定效应，控制的是一系列不随时间变化的因素，比如地理特征、自然禀赋等；ε_{it} 为随机误差项。

借鉴徐敏和姜勇（2015）对产业结构升级系数的衡量方法，引入产业结构层次系数来说明各地级市的产业结构升级水平，具体衡量方法为 $upgrade = \sum_{i=1}^{3} ratio_i \times i$，其中 $upgrade$ 代表产业结构升级系数，$ratio_i$ 代表第 i 产业占地区生产总值的比例，第一产业产值、第二产业产值、第三产业产值以及地区生产总值数据来源于 1998～2018 年 Wind 数据库。本节绘制了产业结构相关指标的时间序列图，如图 6.1 和图 6.2 所示。

图 6.1 为第一产业、第二产业和第三产业占地区生产总值的比例，结果显示，第一产业在地区生产总值中的比例越来越低，第二产业的占比前期一直比较平稳，2012 年以后开始出现下降趋势，第三产业在地区生产总值中的占比一直是稳定上升的态势，并在 2012 年反超第二产业的占比。根据上述公式测算的产业结构升级系数，图 6.2 显示，产业结构升级系数

一直呈现上升态势，说明中国产业结构一直处于动态调整过程中，且会持续优化。

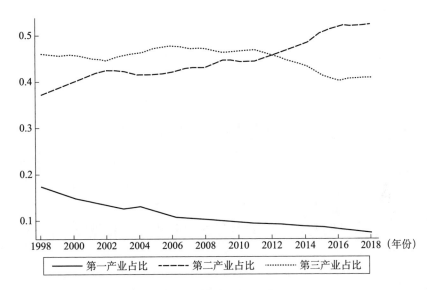

图 6.1　1998～2018 年三次产业占比

资料来源：1999～2019 年《中国统计年鉴》。

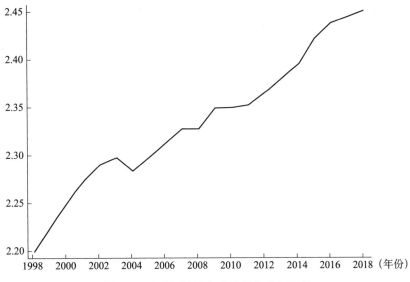

图 6.2　1998～2018 年产业结构升级系数

6.2.2 结果分析

产业结构升级的中介效应检验结果如表6.1所示。表6.1的第（1）~（3）列为市场型环境经济政策对经济增长体量影响的产业结构升级效应检验结果，第（4）~（6）列为市场型环境经济政策对经济增长质量影响的产业结构升级效应检验结果。

表6.1　　　　　　　　　　产业结构升级的中介效应检验

变量	量			质		
	(1) rjgdp	(2) upgrade	(3) rjgdp	(4) gtfp	(5) upgrade	(6) gtfp
market_ers	0.302 *** (0.055)	0.071 *** (0.020)	0.323 *** (0.054)	0.018 * (0.010)	0.074 *** (0.020)	0.017 *** (0.006)
upgrade			−0.306 *** (0.036)			0.010 ** (0.004)
_cons	0.396 *** (0.061)	1.618 *** (0.023)	0.891 *** (0.084)	0.171 *** (0.0147)	1.559 *** (0.033)	0.155 *** (0.012)
控制变量	是	是	是	是	是	是
时间效应	是	是	是	是	是	是
个体效应	是	是	是	是	是	是
N	5796	5796	5796	5795	5795	5795
R^2	0.8048	0.2708	0.8074	0.1759	0.2728	0.1769

注：括号内为标准误差，** 表示 $p < 0.05$，*** 表示 $p < 0.01$。

第（1）列和第（4）列分别为第4章和第5章中基础回归结果中最后一列汇报的结果，直接复制到表6.1中。表6.1中的第（2）列和第（5）列对应模型（6-2）的估计结果，第（3）列和第（6）列分别为核心解释变量市场型环境规制以及中介变量产业结构升级系数对被解释变量影响的回归结果。由表6.1中的第（2）列和第（5）列可知，核心解释变量的估计系数在1%的水平上通过正向显著性检验，表明市场型环境规制显著提升了地区产业结构升级水平，这是因为市场型环境规制是影响产业结构升级的重要因素，对产业结构存在"清洗效应"，高污染行业生产和转移成本增加，导致占比下降，其存在市场被清洁行业挤占或是向低消耗低排放高附加值形态转型升级，通过对相关产业的优胜劣汰，产业的投入产出水平或产业结构由低向高演进最终促进了产业结构升级。在加入中介变量之后，市场型环境规制对经济增长"量"的影响估计系数值出现了上升，市场型环境规制对经济增长"质"的影响估计系数值出现了下降，同时中介变量的估计系数显著，初步表明产业结构升级效应的存在。

6. 2. 3　稳健性检验

传统的逐步检验回归系数方法受到了很多挑战，若中介效应存在但是值比较小，有可能出现检测不出来的情况，为了避免遗漏变量存在的中介效应，选择用 Sobel 方法做中介效应的稳健性检验，现计算中介变量路径上的系数是否显著，即检验 H_0：$a_1 c_2 = 0$，如果 H_0 被拒绝，说明中介效应显著，借鉴索贝尔（Sobel，1987）的计算方法需计算乘积项 $a_1 c_2$ 的标准差 $S_{a_1 c_2} = \sqrt{\hat{a}_1^2 S_{c_2}^2 + \hat{c}_2^2 S_{a_1}^2}$，其中 S 表示对应估计系数的标准差，根据公式 $Z_{a_1 c_2} = \dfrac{\hat{a}_1 \hat{c}_2}{S_{a_1 c_2}}$ 计算得到 $Z_{a_1 c_2}$ 的数值。当检验市场型环境经济政策对经济增长"量"的产业结构升级效应时，在控制一系列控制变量、个体效应以及时间效应后，运用 $segmediation$ 命令自动检验变量之间的关系路径，并提供中介效应在总效应中的占比和显著值，结果显示标准差 $S_{a_1 c_2} = \sqrt{\hat{a}_1^2 S_{c_2}^2 + \hat{c}_2^2 S_{a_1}^2}$ 的数值为 0.00674，z 值 $Z_{a_1 c_2}$ 为 -3.239，p 值为 0.001，中介效应在总效应中的占比为 6.75%，至少在 1% 的水平上通过了显著性检验。当检验市场型环境经济政策对经济增长"质"的产业结构升级效应时，在控制一系列控制变量、个体效应以及时间效应后，运用 $segmediation$ 命令自动检验变量之间的关系路径，并提供中介效应在总效应中的占比和显著值，结果显示标准差 $S_{a_1 c_2} = \sqrt{\hat{a}_1^2 S_{c_2}^2 + \hat{c}_2^2 S_{a_1}^2}$ 为 0.00037，z 值 $Z_{a_1 c_2}$ 为 2.08，p 值为 0.038，中介效应在总效应中的占比为 4.29%，至少在 5% 的水平上通过了显著性检验。这就进一步表明了产业结构效应是市场型环境经济政策影响经济增长

"质"和"量"的渠道。

6.3　技术创新效应模型构建

同前文，本部分仍然选择用中介效应模型来检验市场型环境规制影响经济增长的技术创新作用机制。

6.3.1　模型构建及变量说明

根据前文影响机制分析，选取技术创新水平作为中介变量，检验技术创新的中介效应，同样借鉴高翔等（2018）模型设定如下：

$$economy_{it} = b_0 + b_1 market\_ers_{it} + \lambda_i X_{it} + \delta_i + \chi_t + \varepsilon_{it} \qquad (6-4)$$

$$technology_{it} = d_0 + d_1 market\_ers_{it} + \lambda_i X_{it} + \delta_i + \chi_t + \varepsilon_{it} \qquad (6-5)$$

$$economy_{it} = f_0 + f_1 market\_ers_{it} + f_2 technology_{it} + \lambda_i X_{it} + \delta_i + \chi_t + \varepsilon_{it}$$

$$(6-6)$$

其中，$economy$ 代表经济增长的"量"和"质"，衡量指标为前文的人均地区生产总值和绿色全要素生产率，$market\_ers$ 代表市场型环境经济政策，具体为前文 $time$ 和 $treat$ 相交乘的虚拟变量，2008 年及以后的试点地区 $market\_ers$ 取值为 1，否则 $market\_ers$ 取值为 0。$technology$ 为技术创新水平中介变量，X 为一系列控制变量向量，不同的被解释变量对应不同的控制变量，同样参考第 4 章和第 5 章的内容，数据来源同前文，此处不再过多赘述。χ_t 代表的是时间固定效应，控制的是一系列不随个体变化的因素，比如宏观政策冲击、财政政策和货币政策等；δ_i 代表的是个体固定效应，控制的是一系列不随时间变化的因素，比如地理特征、自然禀赋等；ε_{it} 为随机误差项。

由于地级市层面相关数据库中尚未披露专利相关数据，本节用科学技术支出与地方财政一般预算内支出两者的比值衡量技术创新水平，科学技术支出和地方财政一般预算内支出绝对数据来源于 1998～2018 年《中国城市统计年鉴》。本节绘制了中国历年技术创新水平相关指标图，数据来源于《中国城市统计年鉴》和国家统计局网站，如图 6.3 和图 6.4 所示。

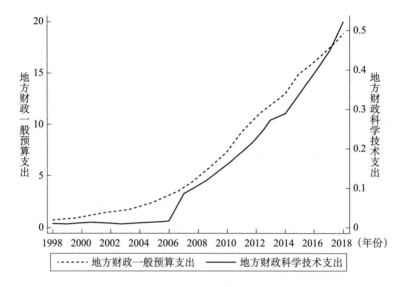

图 6.3　1998～2018 年一般预算及科学技术支出

资料来源：数据来源于《中国城市统计年鉴》。

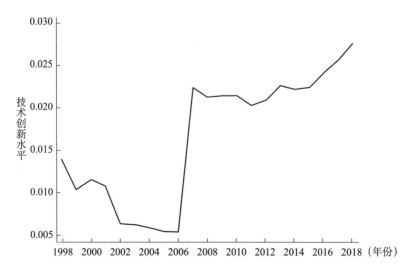

图 6.4　1998～2018 年技术创新水平

资料来源：数据来源于《中国城市统计年鉴》和国家统计局网站。

由图 6.3 可知，在 2006 年之前地方财政一般预算支出与地方财政科学技术支出两者之间的差距越来越大，因此用两者比值衡量的技术创新水平在 2006 年之前一直是下降的，2007 年之后两者均呈现出上升的态势，技术创新水平也呈现波动式上升。

6.3.2 结果分析

技术创新的中介效应检验结果如表 6.2 所示。表 6.2 的第（1）~（3）列为市场型环境经济政策对经济增长体量影响的技术创新效应检验结果，第（4）~（6）列为市场型环境经济政策对经济增长质量影响的技术创新效应检验结果。

表 6.2 　　　　　　　　　　　技术创新的中介效应检验

变量	量			质		
	（1） rjgdp	（2） technology	（3） rjgdp	（4） gtfp	（5） technology	（6） gtfp
market_ers	0.302 *** (0.055)	0.063 ** (0.031)	0.276 *** (0.053)	0.018 * (0.010)	0.069 ** (0.030)	0.018 *** (0.006)
technology			0.367 *** (0.023)			0.003 (0.003)
_cons	0.396 *** (0.061)	−0.835 *** (0.034)	0.704 *** (0.062)	0.171 *** (0.0147)	−1.012 *** (0.050)	0.174 *** (0.010)
控制变量	是	是	是	是	是	是
时间效应	是	是	是	是	是	是
个体效应	是	是	是	是	是	是
N	5796	5790	5790	5795	5789	5789
R^2	0.8048	0.5745	0.8133	0.1759	0.5779	0.1764

注：括号内为标准误差，* 表示 $p < 0.1$，** 表示 $p < 0.05$，*** 表示 $p < 0.01$。

第（1）列和第（4）列分别为第 4 章和第 5 章中基础回归结果中最后一列汇报的结果，直接复制到表 6.2 中。表 6.2 中的第（2）列和第（5）列对应模型（6-5）的估计结果，第（3）列和第（6）列分别为核心解释变量市场型环境规制以及中介变量技术创新水平对被解释变量的回归结果。由表 6.2 中的第（2）列和第（5）列可知，核心解释变量的估计系数在 5% 的水平上通过正向显著性检验，表明市场型环境规制显著提升了地区技术创新水平，这是因为市场型环境规制除了在经济上予于企业一定的激励外，额外的环境遵循成本也是存在的。企业的技术创新不仅可以为企业赢得经济效益，也可以达到环境标准出售额外的环境权益，因此市场型环境规制对企业的技术创新是一种倒逼式的存在。在加入中介变量之后，市场型环境规制对经济增长"量"的影响估计系数值出现了下降，同时中介变量的估计系数显著，市场型环境规制对经济增长"质"的影响估计系数值没有发生变化，且中介变量的估计系数不显著，初步表明产业结构升级效应在市场型环境规制对经济增长"量"的影响中存在，在市场型环境规制对经济增长"质"的影响中不存在。

6.3.3　稳健性检验

为了进一步确保中介效应的存在，现计算中介变量路径上的系数是否显著，即检验 H_0：$d_1f_2=0$，如果 H_0 被拒绝，说明中介效应显著。借鉴索贝尔（Sobel，1987）的计算方法，需计算乘积项 d_1f_2 的标准差 $S_{d_1f_2} = \sqrt{\hat{d}_1^2 S_{f_2}^2 + \hat{f}_2^2 S_{d_1}^2}$，其中 S 表示对应估计系数的标准差。当检验市场型环境经济政策对经济增长"量"的技术创新效应时，在控制一系列控制变量、个体效应以及时间效应后，运用 *segmediation* 命令自动检验变量之间的关系路径，并提供中介效应在总效应中的占比和显著值，结果显示 $S_{d_1f_2} = \sqrt{\hat{d}_1^2 S_{f_2}^2 + \hat{f}_2^2 S_{d_1}^2}$ 的数值为 0.01142，根据公式 $Z_{d_1f_2} = \dfrac{\hat{d}_1\hat{f}_2}{S_{d_1f_2}}$ 计算得到 $Z_{d_1f_2}$ 的数值为 2.025，p 值为 0.042，中介效应在总效应中的占比为 7.74%，至少在 5% 的水平上通过了显著性检验。当检验市场型环境经济政策对经济增长"质"的产业结构升级效应时，在控制一系列控制变量、个体效应以及时间效应后，运用 *segmediation* 命令自动检验变量之间的关系路径，并提供中介效应在总效应中的占比和显著值，结果显示 $S_{d_1f_2} = \sqrt{\hat{d}_1^2 S_{f_2}^2 + \hat{f}_2^2 S_{d_1}^2}$

的数值为 0.00021，根据公式 $Z_{d_{f_2}} = \dfrac{d_{f_2}}{S_{d_{f_2}}}$ 计算得到 $Z_{d_{f_2}}$ 的数值为 1.004，p

值为 0.3154，没有通过显著性检验。这就进一步表明了技术创新效应是市场型环境经济政策影响经济增长"量"的渠道，市场型环境经济政策影响经济增长质量的技术创新渠道效应还未显现出来。

6.4 异质性分析

为了考察不同区域之间的产业结构升级和技术创新对市场型环境规制经济效应的渠道效应，同时有利于前后相关研究的可对比性，笔者借鉴前文的区域异质性考察方法，从地理特征的角度切入考察异质性影响。

前文实证检验结果发现市场型环境规制对经济增长的"量"和"质"有显著的促进作用，但是随着排污权交易机制的深入推行实施，受限于地理位置特质、资源利用等因素影响，地方政府为更好地适应政策执行而制定的相关配套措施会存在力度和方向等方面的差异，导致地方的产业结构升级水平和技术创新水平的渠道效应对市场型环境规制的经济效应产生差异化的影响效果。

由前文可知，2007 年先后公布的排污权有偿使用和交易试点包括江苏、天津、浙江、河北、山西、重庆、湖北、陕西、内蒙古、湖南、河南11 个省（区、市），分布在经济发展水平不同东、中、西三大经济带，其中东部试点地区包括天津、河北、江苏和浙江，中部试点地区包括山西、河南、湖北和湖南，西部试点地区包括重庆、内蒙古和陕西，现将 11 个省（区、市）试点地区划分为东、中、西三大经济带进行分组回归，检验不同区域市场型环境规制经济效应的产业结构升级效应和技术创新效应的区域差异性，结果见表 6.3 至表 6.6，但是表 6.3 至表 6.6 均未报告第一步回归结果，可参考前文的异质性分析内容。

表 6.3　　市场型环境规制影响经济增长"量"的产业结构升级效应

变量	东部		中部		西部	
	upgrade	*rjgdp*	*upgrade*	*rjgdp*	*upgrade*	*rjgdp*
market_ ers	0. 160 ***	0. 234	− 0. 062	0. 429	0. 074	0. 462
	(0. 034)	(0. 298)	(0. 056)	(0. 301)	(0. 067)	(0. 454)
upgrade		− 0. 066		− 0. 485 **		− 0. 144
		(0. 106)		(0. 210)		(0. 181)
_ *cons*	1. 698 ***	0. 525 ***	1. 637 ***	1. 134 ***	1. 405 ***	0. 666 ***
	(0. 069)	(0. 197)	(0. 089)	(0. 280)	(0. 106)	(0. 248)
控制变量	是	是	是	是	是	是
时间效应	是	是	是	是	是	是
个体效应	是	是	是	是	是	是
N	2373	2373	2226	2226	1197	1197
R^2	0. 3559	0. 8664	0. 2850	0. 7818	0. 1768	0. 7907

注：括号内为标准误差，*** 表示 $p < 0.01$。

表 6.4　　市场型环境规制影响经济增长"质"的产业结构升级效应

变量	东部		中部		西部	
	upgrade	*gtfp*	*upgrade*	*gtfp*	*upgrade*	*gtfp*
market_ ers	0. 179 ***	0. 037 ***	− 0. 039	0. 019	0. 047	− 0. 023
	(0. 036)	(0. 011)	(0. 053)	(0. 017)	(0. 070)	(0. 032)
upgrade		0. 021		0. 001		0. 018
		(0. 013)		(0. 010)		(0. 022)
_ *cons*	1. 712 ***	0. 084 ***	1. 485 ***	0. 228 ***	1. 328 ***	0. 224 ***
	(0. 086)	(0. 024)	(0. 103)	(0. 030)	(0. 162)	(0. 065)
控制变量	是	是	是	是	是	是
时间效应	是	是	是	是	是	是
个体效应	是	是	是	是	是	是
N	2372	2372	2226	2226	1197	1197
R^2	0. 3550	0. 1476	0. 2816	0. 2491	0. 1829	0. 2249

注：括号内为标准误差，*** 表示 $p < 0.01$。

表 6.5　　市场型环境规制影响经济增长"量"的技术创新效应

变量	东部		中部		西部	
	technology	*rjgdp*	*technology*	*rjgdp*	*technology*	*rjgdp*
market_ ers	0. 356 ***	− 0. 003	− 0. 128	0. 476	− 0. 046	0. 462
	(0. 130)	(0. 270)	(0. 131)	(0. 314)	(0. 161)	(0. 457)
technology		0. 618 ***		0. 135		0. 234 **
		(0. 093)		(0. 095)		(0. 102)
_ *cons*	− 0. 732 ***	0. 870 ***	− 0. 859 ***	0. 456 **	− 1. 014 ***	0. 701 ***
	(0. 064)	(0. 118)	(0. 075)	(0. 221)	(0. 099)	(0. 135)

续表

变量	东部		中部		西部	
	technology	*rjgdp*	*technology*	*rjgdp*	*technology*	*rjgdp*
控制变量	是	是	是	是	是	是
时间效应	是	是	是	是	是	是
个体效应	是	是	是	是	是	是
N	2367	2367	2226	2226	1197	1197
R^2	0.6589	0.8820	0.5763	0.7754	0.4816	0.7955

注：括号内为标准误差，$**$ 表示 $p < 0.05$，$***$ 表示 $p < 0.01$。

表6.6   市场型环境规制影响经济增长"质"的技术创新效应

变量	东部		中部		西部	
	technology	*gtfp*	*technology*	*gtfp*	*technology*	*gtfp*
market_ers	0.332 $**$	0.042 $***$	− 0.164	0.019	− 0.025	− 0.022
	(0.133)	(0.012)	(0.136)	(0.018)	(0.159)	(0.032)
technology		− 0.002		− 0.001		0.005
		(0.005)		(0.006)		(0.007)
_cons	− 0.784 $***$	0.117 $***$	− 1.162 $***$	0.229 $***$	− 0.998 $***$	0.253 $***$
	(0.157)	(0.018)	(0.113)	(0.027)	(0.273)	(0.048)
控制变量	是	是	是	是	是	是
时间效应	是	是	是	是	是	是
个体效应	是	是	是	是	是	是
N	2366	2366	2226	2226	1197	1197
R^2	0.6591	0.1429	0.5771	0.2491	0.4795	0.2236

注：括号内为标准误差，$**$ 表示 $p < 0.05$，$***$ 表示 $p < 0.01$。

表 6.3 为市场型环境规制对经济增长"量"的产业结构升级效应结果。由表 6.3 可知，产业结构升级在东部、中部和西部三大经济带的中介效应表现出明显的差异性。由选择用三步法逐步检验市场型环境规制对经济增长"量"的产业结构升级效应的回归结果可知，市场型环境规制虽然显著促进了三大地区经济增长体量，但是只有东部地区的产业结构升级效应显著，将三个变量同时放入模型中时，产业结构升级变量的估计系数并非显著为负。因此，市场型环境规制与经济增长体量协同推进的产业结构升级效应不明显。为适应新的经济发展背景，东部地区目前形成了以第二产业和第三产业为主导的经济发展结构，部分传统产业向新兴产业转

变，正实现"速度东部"向"效率东部"的跨越和转变，但是由于产业结构升级效应在时间上滞后，市场型环境规制要通过产业结构升级促进经济增长体量的变化还没显现出来。中西部地区产业基础雄厚，具备资源和劳动力优势，市场潜力大且要素成本相对比较低，然而，其产业发展主要是依靠积极承接国内外产业转移，缺乏自主新兴产业，产业承接机制不完备，政策支持和引导不足，如财政政策、金融政策、投资政策和土地政策等，而且资源承载能力、生态环境容量仍然是承接产业转移的重要约束条件。

由选择用三步法逐步检验市场型环境规制对经济增长"质"的产业结构升级效应的回归结果可知，市场型环境规制只是促进了东部地区经济增长的"质"，也只是显著促进了东部地区的产业结构升级，但是将三个变量同时放入模型中时，产业结构升级变量的估计系数并非显著为正。因此，市场型环境规制与经济增长质量协同推进的产业结构升级效应尚不明显。这是因为东部地区环境污染情况相对比较严重，比如 2020 年秋冬季以来京津冀及周边地区已发生六次空气污染过程，与 2019 年比较，同期增加一次。该地区钢铁、水泥、化工等重污染行业分布比较广泛，过剩产能较多，对于造成空气重度污染的煤炭行业，地方要求强化散装煤市场，对散装煤的生产流通链条做到全方位监管，对劣质煤加强监控，建立火电、钢铁行业等煤炭监测制度，压缩煤炭行业的存量，严控煤炭消费增量，并确保煤质达标，降低污染气体的排放，进一步改善空气质量。清洁能源改造也是地方产业结构调整的重要规划，推进电代替煤以及气代替煤等清洁能源改造，加强对风能、太阳能等可再生能源的发展，推广新能源汽车的应用，率先建立战略性新兴产业在内的生态环境监管正面清单，环境政策促使这些能源结构的改造和调整一定程度上降低了环境污染程度，但是若要当地经济发展的质量有一个显著的促进作用，经济发展中的"绿色"越来越明显，通过低能耗和低碳可循环的园区建设推动产业和生态的融合发展，使地方绿色发展成效越来越显著，经济逐步迈向高质量发展，还存在时间上的滞后。由前文可知，由于市场发展不成熟，市场上缺乏融资工具以及交易的二级市场不活跃等问题，中西部地区环境政策的经济增长"质"的效应并不明显，即使产业结构布局合理或者产业结构升级水平较高，也不存在显著的中介效应。

由表6.5可知，选择用三步法逐步检验市场型环境规制对经济增长"量"的技术创新效应的回归结果显示，市场型环境规制对东中西部的经济增长体量都有显著的促进作用，但是只有东部地区的市场型环境规制显著促进了地区创新水平，将市场型环境规制变量、技术创新水平变量以及经济增长"质"的变量统一纳入一个模型中发现技术创新的中介效应模型显著为正，且为完全中介效应。中、西部地区结果显示，市场型环境规制对经济增长"质"的影响不显著，不满足三步法检验的条件，市场型环境规制对经济增长体量影响的技术创新效应不显著。东部地区的市场型环境规制促进技术创新投入从而带动经济增长在体量上的增长，虽然目前中国技术创新投入还存在诸多不足支出，但是技术创新投入的经济增长效应是显著的。企业进行自主创新投入可以提高企业生产率并增加高附加值产品的产量，树立企业的品牌效应并提高核心竞争力，技术创新的长期经济增长效应可以缩减企业生产成本，拉动投资，从而带动经济增长。相比于东部，中、西部地区的技术创新投入就稍显薄弱，自主创新活力和能力均低于中部地区，虽然市场型环境规制对经济体量有显著的促进作用，但是技术创新在其中的渠道效应受到诸如对消费者和市场需求把握不精准、技术创新投入不足、技术创新效应滞后、人才引进政策力度不足等因素的影响，导致技术创新的中介效应在中西部地区不显著的结果。

由表6.6可知，选择用三步法逐步检验市场型环境规制对经济增长"质"的技术创新效应的回归结果显示，市场型环境规制只促进了东部地区经济增长，而且也只有东部地区的市场型环境规制显著促进了地区创新水平，但是将市场型环境规制变量、技术创新水平变量以及经济增长"质"的变量统一纳入一个模型中发现技术创新的中介效应模型并不显著。中西部地区结果显示市场型环境规制对经济增长"质"的影响不显著，不满足三步法检验的条件，市场型环境规制对经济增长质量影响的技术创新效应同样不显著。

前文研究结果显示，市场型环境规制影响经济增长质量的技术创新渠道效应不显著，目前中国正在加速构建市场导向的绿色技术创新，是实现环境保护和经济增长协同的重要保障体系，但是仍存在诸多干扰因素，比如绿色技术创新离不开财政支撑和政策性贷款，受投入规模限制，未形成稳定的政府财政投入渠道。目前中国向清洁发展企业设立的专项资金、基金项目以及节能减排补助资金管理机制等对绿色技术创新项目的带动作用有限，目前诸如绿色金融、绿色债券以及绿色信贷等融资渠道仍在试点探索阶段，投融资力度不足。另外，绿色技术创新项目涉及多个部分的分工作业，多部门之间的职能分工以及政策衔接等失衡，比如新能源汽车等绿色产品在投资和开发过程中，地方习惯用当地的汽车生产标准来定义绿色产品，对外来的环保节能产品接纳度往往不够。此外，干扰技术创新的因素和技术创新滞后的效果，也导致经济发展的绿色效果不够突出。

6.5　本章小结

在前文的研究基础上，本章选择用中介效应模型检验了市场型环境规制影响经济增长"量"和"质"的机制，主要检验了产业结构升级和技术创新水平在市场型环境规制的经济效应中所起的作用，主要研究结论如下。

（1）在对产业结构升级的机制效应检验时发现，产业结构升级不仅是市场型环境规制影响经济增长"量"的重要渠道，同时也是市场型环境规制影响经济增长"质"的重要渠道。

（2）在对技术创新水平的机制效应检验时发现，技术创新效应是市场型环境规制影响经济增长"量"的重要渠道，但是对市场型环境规制影响经济增长"质"的重要渠道效应还未显现出来。

（3）异质性检验结果分析显示，环境政策与经济增长体量协同推进的产业结构升级效应在东、中、西三大经济带均不明显，环境政策与经济增长质量协同推进的产业结构升级效应在东、中、西三大经济带也均不明显；市场型环境规制对经济增长体量影响的技术创新效应只在东部地区显著，市场型环境规制对经济增长质量影响的技术创新效应在东、中、西三大经济带不显著。

根据以上实证分析的研究结果，本章得出以下政策启示。

（1）加快产业结构升级进程。目前投资开放型的经济发展建设已得到国际上的广泛认可，今后的新发展格局将为中国及其他国家培育新的经济增长点。立足经济供需内循环，中国要发展新兴产业，为经济实现绿色和可持续发展提供内生动力，不断挖掘和释放新动能，形成新的经济增长点。坚持中国新的发展格局和体系，继续深化开放国际产业合作，构建开放型产业体系，充分发挥外资技术溢出和产业升级效应。

（2）推动工业绿色转型。各地应提高能源资源利用效率和高附加值清洁生产，推动绿色制造体系建设，提高产业链竞争优势，助力新产业新业态发展，加快产业新旧动能转换，加快新动能成长，使之成为经济新的增长点。政府在调整产业布局上持续发力，充分调动企业进行自主革新、实现转型发展的积极性，用生态环境准入清单作为环境准入门槛，破解产业布局难题，合理避开产业结构升级误区，形成节约资源和保护环境的产业结构和空间格局。在产业组织上壮大实体经济根基，推动战略性新兴产业融合集群发展，着力构建新的增长引擎、培育新的增长动能。在产业业态上为实体经济发展提供服务保障，不断提高科技创新在实体经济发展中的贡献份额比例，增强国内大循环内生动力，提升国际循环质量和水平。在产业治理上发挥市场对要素价格和资源配置的导向作用，提升政府现代化治理能力和数字化治理水平，推动资源要素和政策措施转型的实体经济集聚和倾斜。

（3）加大技术创新投入。技术创新是中国经济发展的动力，是提高企业市场竞争力的主要影响因素，也是提高经济增长体量的重要途径，长期内也会助推经济增长"质"的提升。政府应主动对开展自主减排的企业提供技术创新方面的财政补贴，加强对企业自主创新知识产权的保护，将环境政策—技术创新—经济增长有机结合起来，搭建技术创新合作与交流平台，在技术创新的推动下，强调绿色发展的重要性，从而进行绿色技术革新，创新驱动环境政策与经济增长的协同发展。

（4）充分利用区位和资源优势，考虑区域差异性。研究结果表明，在不同的地理特征下，产业结构升级和技术创新的促进作用存在差异，因此要充分利用地区独特的区位优势和资源条件。例如，青海省作为丝绸之路的南线，要积极拓展丝绸之路中亚、南亚和东南亚的文化市场，优化产业结构的空间布局。此外，在充分评估自身发展优势后积极与国外投资对接，资源型城市应主动顺势发展接续替代产业，加大技术创新投入，由单一的资源型经济向多元经济转变，提高产业发展国际竞争力。例如，面向亚欧国际资源整合平台，新疆应利用独特的区位优势打造国际物流平台，同时考虑加强与周边国家旅游业的融合发展，推动新兴产业诸如体育旅游的转型升级等。

（5）协同推进经济增长和环境保护。经济增长虽然为经济社会发展提供了物质条件，但又是建立在资源和环境可利用范围内。历史经验已经证明，在取得经济高速发展的同时已经暴露出很多不可逆的环境污染问题，因此要深刻解读"绿水青山就是金山银山"的生态文明建设理念，协同推进经济增长和环境保护。地区发展应立足本地生态资源优势，按照资源承载力规划产业发展，力争把生态资源优势转化为经济增长优势，实现生态致富。但是打通优势转化途径时一定要考虑传统产业的改造升级，压实产业结构调整细节，从根本上转变生产方式，坚决遏制"三高"产业进入市场，提高产业市场准入门槛，以此倒逼传统产业升级，提高经济发展的"含绿量"和"含金量"。

第7章 贸易开放视角下市场型环境规制对经济增长的影响研究

本章拟引入贸易开放视角考察市场型环境规制对经济增长的影响，从内生性处理、替换被解释变量以及对数据进行缩尾处理三个方面对研究结果做稳健性检验，并进一步考察研究结果的区域异质性和资源利用异质性。

7.1 引入贸易开放的必然性

在环境经济学领域，贸易与环境的相关研究已经很丰富（Van Beers & Van den Bergh，1996；Jayadevappa & Chhatre，2000），贸易对环境的经验研究结果存在较大差异，包括"贸易促进论""贸易抑制论"以及"贸易中性论"等（陆旸，2012）。

在贸易开放的前提下，科普兰和泰勒（Copeland & Taylor，1994）通过构建简单的静态贸易模型，研究南北方之间的收入、污染以及贸易之间的关系，结果表明自由贸易会加剧世界污染，增加富国北部的生产可能性会增加污染，而穷国南部的类似增长会降低污染，从北向南的单方面转移减少了世界范围的污染。安鲁和穆玛（Unruh & Moomaw，1998）对环境库兹涅兹曲线隐含的"收入假设"质疑，并认为发展中国家向发达国家的出口行为是拐点右侧曲线上升的重要影响因素，由于国家间所处的发展阶段不同，环境库兹涅兹曲线并不能代表许多国家污染排放轨迹的演变方式（De Bruyn et al.，1998），当检验贸易带来的经济增长对环境污染的影响时，不能简单地认为环境的污染就是由经济增长导致的（Copeland & Taylor，2004）。董敏杰等（2011）研究发现，环境规制对贸易价格的波动有影响，但作用幅度很小，引起的价格波动尚在可接受范围内，当环境规制强度超过某一特定的水平值，污染密集型的商品就可以获得更多的出口机会（陆旸，2009）。张友国（2015）验证碳排放对区域间贸易模式的影响，发现大部分的省份为污染避难所或要素禀赋模式，个别地区出现了两种模式的兼容现象。林伯强和刘泓汛（2015）检验了贸易与能源效率之间的关系，发现技术外溢是贸易促进能源效率的重要中介机制。

20世纪70年代，美国的贸易经历了由平衡转向赤字的过程，而在该经济发展阶段，美国的环境规制水平正不断提高，因此引发了大量的猜想，即"环境规制是否抑制了污染密集型产品的比较优势"，诸多学者开始对"污染避难所假说"进行验证（Antweiler et al.，2001；Eskeland & Harrison，2003；Ljungwall & Linde-Rahr，2005）。该假说认为，在自由贸易的技术上，环境规制高的地区为降低本国污染产业的生产成本会选择将产业转移到低环境规制地区。因此，在开放经济条件下，环境政策是决定贸易模式和贸易流向的重要影响因素，环境政策的评估中不得不考虑贸易因素。贸易确实能够影响环境要素，但是这种影响有好坏之分，如果一国的环境规制强度可以决定当地产品的比较优势，那么贸易变化带来的环境变化可能是逆向的，若比较优势是由环境规制水平差异以及要素禀赋差异等多因素共同决定的，那贸易对环境的影响有可能是有益的。因此，贸易在环境政策的评估效应中是不可忽略的因素。随着国内外对环境质量的日益关注，研究贸易政策如何影响环境的评估已成为必然，本部分将从贸易开放视角考察市场型环境规制对经济增长的影响。

7.2　实证分析

7.2.1　模型构建及变量说明

为了检验贸易开放视角下市场型环境规制对经济增长的影响，本章在前文模型的基础上加入了贸易相关变量，具体模型构建如下：

$$economy_{it} = \alpha_0 + \alpha_1 market\_ers_{it} + \alpha_2 trade_{it} + \alpha_3 (market\_ersxtrade)_{it}$$
$$+ \lambda_i X_{it} + \delta_t + \pi_i + \varepsilon_{it} \tag{7-1}$$

其中，$economy$ 代表前文中的经济增长的"量"和经济增长的"质"两个维度，$market\_ers$ 代表市场型环境规制，2008 年及以后二氧化硫排污权交易政策实施的试点地区为 1，否则为 0，$trade$ 为各地级市进出口总额，$market\_ers \times trade$ 为市场型环境规制 $market\_ers$ 与地级市进出口总额 $trade$ 的交乘项。X 代表一系列控制变量向量，不同的被解释变量对应不同的控制变量，参考第 4 章和第 5 章的内容，数据来源也同前文，此处不再过多赘述。$\alpha_i(i=0,1,2,3)$、λ_i 为待估参数，δ_t 为时间固定效应，控制的是一系列不随个体变化的因素，如宏观政策冲击、财政政策和货币政策等；π_i 为个体固定效应，控制的是一系列不随时间变化的因素，如地理特征、自然禀赋等；ε_{it} 为随机误差项，本节重点关注 $market\_ers \times trade$ 的系数情况。若 $\alpha_3 > 0$，市场型环境规制对经济增长的边际效果会随着贸易量的增加而增加，反之，若 $\alpha_3 < 0$，市场型环境规制对经济增长的边际效果会随着贸易量的增加而降低。地级市的进出口数据来源于《中国城市统计年鉴》、历年各省份统计年鉴以及历年各地级市统计年鉴，个别缺失数据由地级市国民经济和社会发展统计公报补充或均值替代。

7.2.2　结果分析

为考察贸易开放条件下市场型环境规制的经济效应，笔者加入了市场型环境规制虚拟变量与进出口的贸易变量之间的交乘项,根据模型(7 - 1)对贸易开放条件下市场型环境规制的经济效应进行回归分析,结果见表7.1。

表 7.1 贸易视角下市场型环境规制对经济增长的影响

变量	量		质	
	(1)	(2)	(3)	(4)
$market\_ers \times trade$	0.403 ***	0.130 *	0.013 ***	0.012 ***
	(0.074)	(0.070)	(0.003)	(0.003)
$trade$	-0.014	-0.038	-0.012 ***	-0.012 ***
	(0.066)	(0.065)	(0.004)	(0.004)
$market\_ers$	-4.315 ***	-1.251	-0.131 ***	-0.118 ***
	(0.934)	(0.886)	(0.040)	(0.044)
控制变量	否	是	否	是
$\_cons$	0.874	0.865	0.308 ***	0.324 ***
	(0.630)	(0.633)	(0.044)	(0.045)
个体效应	是	是	是	是
时间效应	是	是	是	是
N	5520	5520	5520	5520
R^2	0.7584	0.8062	0.1951	0.1967

注:括号内为标准误差,* 表示 $p < 0.1$,*** 表示 $p < 0.01$。

由表7.1可知,交乘项 $market\_ers \times trade$ 的系数至少在10%水平上通过了显著性检验且系数为正。第(1)~(2)列被解释变量为经济增长的体量指标,其中第(1)列中未加入任何控制变量,第(2)列加入了所有的控制变量,结果显示市场型环境规制对经济增长体量的边际效果会随着贸易量的增加而增加。第(3)~(4)列被解释变量为经济增长的质量指标,其中第(3)列中未加入任何控制变量,第(4)列加入了所有的控制变量,结果显示市场型环境规制对经济增长质量的边际效果会随着贸易量的增加而增加。此外,本节根据第(2)列和第(4)列的回归结果绘制了贸易开放视角下市场型环境规制对经济增长影响的边际效应图,如图7.1和图7.2所示。

其中,图7.1为市场型环境规制影响经济增长"量"的边际效应,图

7.2 为市场型环境规制影响经济增长"质"的边际效应，结果显示，市场型环境规制无论是对经济增长体量还是对经济增长质量影响的边际效果都随着贸易量的不断增加而增加。

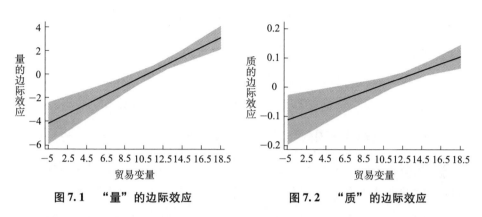

图 7.1　"量"的边际效应　　　　**图 7.2　"质"的边际效应**

随着经济全球化的不断深入，中国依据自身发展优势不断深化对外开放，国际贸易的快速发展使行业的更新突破了地域壁垒，不再局限于本地市场，国际市场的开拓让市场规模不断扩大，带来更精细的专业化分工，国际贸易极大地促进了经济发展的同时使要素资源在不同区域间自由流通，地方可以以较低的生产成本得到稀有的要素，促进经济增长率。不容忽视的是，进出口贸易关联许多能源要素（Bridgman，2008；Bodenstein et al.，2011；Rafiq et al.，2016），贸易互动过程中带来的资源和能源的浪费与消耗，给双边带来的环境风险也不可低估，成为环境治理过程中仍需重点考量的因素。传统的贸易往来方式虽然加剧了环境污染风险，增加了环境治理成本，但是由于国内有着多样化的环境污染应对方式以及多元主体共治的环境政策，自贸区（港）以及"一带一路"等多元化的开发格局，中国应对相关的成本变化并没有太大困难。

另外，新贸易理论认为，贸易互动可以借助产出和技术溢出效应促进经济发展，通过规模经济加速专业化生产和知识在区域间流动，在发展中国家的梯队中，中国经济增长速度位居前列，其中技术因素无疑很重要。但是在对外开放的背景下，绿色发展的基调一直没变，因此，绿色技术的引进与开发相比之前占据了一定的比例。目前贸易方式不断转型升级，与地方经济质量有密切的关系，如果一国污染密集型企业的产品有比较优势，那么这种产品的贸易往来会加剧当地环境污染，绿色经济发展必然停滞不前；反之，若清洁产品具备比较优势，随着清洁型产品贸易规模的扩大，会改善当地的环境污染状况，同时也提高了绿色经济发展效率（马光明等，2019），即贸易转型的"清洁效应"在发挥作用，贸易产品也在不断地向"清洁化""环保化"等转变，不仅降低了贸易互动带来的环境污染风险，而且降低了国内环境治理压力，环境政策的经济效应也会随着贸易规模的增加而增加。进一步，随着国际贸易的发展，中国在全球价值链体系中的地位也在不断攀升，国际竞争新优势凸显，"中国制造"逐渐走出国门，逐步摆脱对资源和劳动力的依赖，对外贸易开始向高质量发展阶段迈进（尹智超和彭红枫，2020），2019 年《关于推进贸易高质量发展的指导意见》等文件发布，倡导发展高质量、高技术产品贸易，带动经济的高附加值增长。

7.3 稳健性检验

本节将从对环境规制变量进行内生性处理、替换被解释变量以及剔除异常值的影响三个方面对前文的回归结果进行稳健性检验。

7.3.1 内生性处理

史丹和李少林（2020）认为，选择排污权交易制度试点城市时应当在所有地级市中随机进行，这样才能避免政策出现内生性问题。但是事实上，政策试点的选择并非如此，排污权政策试点城市的选择可能受到其他例如基于地理位置、环境污染水平和经济发展等多重潜在因素的考量而对估计结果产生干扰，致使估计结果与真实值存在较大误差。为了尽量克服排污权交易内生性问题导致的结果偏误，选择用工具变量做内生性处理，借鉴海林和庞塞特（Hering & Poncet，2014）的研究方法，选择用空气流通系数作为环境规制的工具变量，其中空气流通系数等于风速乘以边界层高度。数据来源于欧洲中期天气预报中心（ECMWF）的 ERA - Interim 数据库，从中提取各地级市 0.75°×0.75° 网格（大约 83 平方千米）的 10 米高度风速和边界层高度数据，计算各网格每年 12 个月份的空气流通系数均值作为对应年份的空气流通系数，得到样本中各地级市每年的空气流通系数。

本节选择将空气流通系数作为是否为排污权交易制度试点城市的工具变量原因如下。

（1）根据《中国能源统计年鉴 2018》数据披露，2015 年，煤炭、石油和天然气占能源消费总量的比重分别为 68.1%、19.6% 和 6.2%；2016 年，煤炭、石油和天然气占能源消费总量的比重分别为 66.7%、19.9% 和 6.7%；2017 年，煤炭、石油和天然气占能源消费总量的比重分别为 65.2%、20.2% 和 7.5%。从中不难看出，虽然能源消费结构中煤炭的消费占比在下降，但仍然位居首位，这就决定了大气污染中二氧化硫是重要的污染因素之一，且关于节能减排的政策中均涉及二氧化硫减排目标。因此在通风系数较小的地区，二氧化硫的监测浓度越大，该地区为改善大气环境质量成为二氧化硫排污权交易机制试点地区的概率就越大，符合内生变量与工具变量相关性的假定。

（2）由于通风系数的决定因素为气候条件等区域性的自然现象，通常通风系数只能通过影响环境规制调整来影响经济增长情况，空气流通系数和经济增长之间不存在其他的作用机制，因此通风系数作为工具变量又满足外生性假说。本节使用的通风系数为 1998~2018 年各地级市通风系数的自然对数值，工具变量估计结果见表 7.2，iv 代表通风系数。

表 7.2 工具变量估计结果

变量	第一阶段回归		第二阶段回归	
	量	质	量	质
$iv \times trade$	−0.153*** (0.025)	−0.162*** (0.025)		
$market\_ers \times trade$			0.028*** (0.02)	0.009*** (0.002)
$\_cons$	35.1493 (76.5117)	−89.7906 (75.1389)	−448.0291*** (44.8120)	5.0783*** (1.6754)
控制变量	是	是	是	是
时间效应	是	是	是	是
个体效应	是	是	是	是
第一阶段 F 值	39.03	40.52	–	–
N	5520	5520	5520	5520
R^2	0.2868	0.2506	0.5980	0.1110

注：括号内为标准误差，***表示 $p < 0.01$。

由表 7.2 可知，第一阶段回归的结果中显示 F 值大于 10 且空气流通系数和贸易变量的交乘项 $iv \times trade$ 与市场型环境规制和贸易变量的交乘项 $market\_ers \times trade$ 在 1% 显著性水平下呈负向关系，说明通风系数不存在弱工具变量的问题。第二阶段的回归估计结果显示，无论被解释变量是经济增长的"量"还是经济增长的"质"，市场型环境规制与进出口变量的交乘项系数均在 1% 的水平下通过正向显著性检验，说明市场型环境规制对经济增长影响的边际效应受对外贸易的干扰，市场型环境规制影响经济增长"量"的边际效应随着贸易量的增加而增加，市场型环境规制影响经济增长"质"的边际效应同样随着贸易量的增加而增加，说明前文的检验结果具有很好的稳健性。

7.3.2 替换被解释变量

上文研究中，关于经济增长的"量"和"质"的衡量指标为地区人均生产总值和基于非角度和非径向 SBM 模型测算的绿色全要素生产率，现对这些被解释变量进行替换进行稳健性检验，结果见表 7.3。

表 7.3 替换被解释变量估计结果

变量	量		质	
	(1)	(2)	(3)	(4)
market_ ers × trade	0.619 ***	0.056 *	0.003 **	0.004 **
	(0.101)	(0.033)	(0.0015)	(0.0016)
trade	0.043	0.015	0.0005	0.0008
	(0.049)	(0.011)	(0.0018)	(0.0019)
market_ ers	− 7.008 ***	− 0.536	− 0.0357 **	− 0.0380 **
	(1.117)	(0.366)	(0.0173)	(0.0183)
控制变量	否	是	否	是
_ *cons*	− 0.116	− 0.211 *	− 3.6405 ***	− 3.8557 ***
	(0.488)	(0.114)	(0.6361)	(0.6806)
时间效应	是	是	是	是
个体效应	是	是	是	是
N	5796	5796	5520	5520
R^2	0.4387	0.9571	0.0115	0.0130

注: 括号内为标准误差, * 表示 $p < 0.1$, ** 表示 $p < 0.05$, *** 表示 $p < 0.01$。

表 7.3 中的第（1）～（2）列是对经济增长"量"的指标进行替换，现用地区生产总值替换人均地区生产总值，结果发现无论是否加入控制变量，市场型环境规制与地区进出口贸易变量的交乘项都显著为正，验证了前文市场型环境规制对经济增长"量"的边际影响随着贸易量的增加而增加的回归结果。表 7.3 中的第（3）～（4）列是对经济增长"质"的指标进行替换，现选择包含非期望产出的 ML（曼奎斯特—卢恩伯格）指数进行衡量，结果发现市场型环境规制与地区进出口贸易变量的交乘项都显著为正，验证了前文市场型环境规制对经济增长"质"的边际影响随着贸易量的增加而增加的回归结果，表明结果具有很好的稳健性。

7.3.3 缩尾处理

为了排除数据异常值导致估计结果偏误，对离群值进行缩尾处理，基于缩尾后的新样本对市场型环境规制的经济效应重新估计，结果见表 7.4。

表7.4 缩尾处理的稳健性检验结果

变量	量		质	
	(1)	(2)	(3)	(4)
market_ ers × trade	0.382 ***	0.106 ***	0.012 ***	0.011 ***
	(0.070)	(0.066)	(0.003)	(0.003)
trade	−0.003	0.012	−0.013 ***	−0.012 ***
	(0.050)	(0.046)	(0.003)	(0.004)
market_ ers	−4.148 ***	−1.035	−0.134 ***	−0.122 ***
	(0.867)	(0.800)	(0.037)	(0.041)
控制变量	否	是	否	是
_ cons	0.607	0.336	0.287 ***	0.296 ***
	(0.479)	(0.447)	(0.033)	(0.036)
时间效应	是	是	是	是
个体效应	是	是	是	是
N	5682	5406	5434	5082
R^2	0.7942	0.8476	0.2862	0.2918

注：括号内为标准误差，*** 表示 p<0.01。

由表7.4可知，在对异常值进行处理之后市场型环境规制与地级市进出口变量的交乘项系数依然为正，均在1%的水平上通过了显著性检验。表7.4中的第（1）～（2）列是对经济增长"量"的相关指标进行缩尾处理，结果发现剔除异常值的影响之后无论是否加入控制变量，市场型环境规制与地区进出口贸易变量的交乘项都显著为正，验证了前文市场型环境规制对经济增长"量"的边际影响随着贸易量的增加而增加的回归结果。表7.4中的第（3）～（4）列是对经济增长"质"的相关指标进行缩尾处理，结果发现剔除异常值的影响之后市场型环境规制与地区进出口贸易变量的交乘项都显著为正，验证了前文市场型环境规制对经济增长"质"的边际影响随着贸易量的增加而增加的回归结果，表明结果具有很好的稳健性。

7.4 异质性检验

前文实证检验结果显示，市场型环境规制的经济效应与地方进出口情况有密切的关系，但是随着排污权交易机制的深入推行实施，受限于地理位置特质、资源利用等因素影响，地方政府为更好适应政策执行而制定的相关配套措施会存在力度和方向等方面的差异，导致地方的对外贸易对市场型环境规制的经济效应产生差异化的影响效果。

7.4.1　区域异质性

由前文可知，2007 年先后公布的排污权有偿使用和交易试点包括江苏、天津、浙江、河北、山西、重庆、湖北、陕西、内蒙古、湖南、河南11 个省（区、市），分布在经济发展水平不同东、中、西三大经济带，其中，东部试点地区包括天津、河北、江苏和浙江，中部试点地区包括山西、河南、湖北和湖南，西部试点地区包括重庆、内蒙古和陕西，现将11 个省（区、市）试点地区划分为东、中、西三大经济带进行分组回归，检验地方进出口贸易对不同区域市场型环境规制的经济效应的区域差异性，结果见表 7.5。

表 7.5　　　　　　　　　　东中西区域异质性检验

变量	东部		中部		西部	
	量	质	量	质	量	质
$market\_ers \times trade$	0.448*** (0.096)	−0.003 (0.003)	0.101 (0.121)	0.011** (0.005)	−0.086 (0.095)	0.019 (0.007)
$trade$	0.275*** (0.098)	−0.010* (0.005)	−0.278* (0.145)	−0.018*** (0.007)	−0.121 (0.086)	−0.005 (0.009)
$market\_ers$	−5.937*** (1.274)	0.086** (0.043)	−0.841 (1.408)	−0.110* (0.058)	1.373 (1.192)	−0.197** (0.089)
控制变量	是	是	是	是	是	是
$\_cons$	−2.484** (1.107)	0.247*** (0.063)	2.838** (1.185)	0.412*** (0.065)	1.560** (0.758)	0.398*** (0.111)
时间效应	是	是	是	是	是	是
个体效应	是	是	是	是	是	是
N	2260	2260	2120	2120	1140	1140
R^2	0.8772	0.1543	0.7793	0.2767	0.7950	0.2389

注：括号内为标准误差，*表示 $p<0.1$，**表示 $p<0.05$，***表示 $p<0.01$。

由表 7.5 可知，在东、中、西三大经济带中市场型环境规制对经济增长影响的边际效应随着进出口贸易的变化而变化表现出明显的差异性。

从经济增长的"量"来看，市场型环境规制影响经济增长"量"的边际效应随着进出口贸易的增加而增加只在东部地区通过了正向显著性检验，这是因为经济增长的体量在三大地区的分布不同，呈现阶梯式特征，东部地区的经济体量大于中部地区，中部地区的经济体量大于西部地区。与之相反的是，环境经济质量东部地区要明显落后于中部和西部地区，因此市场型环境规制在东部比较活跃，对经济增长的促进效果比较明显，加之东部地区的进出口贸易比较活跃，比如上海自由贸易试验区、广东自由贸易试验区、天津自由贸易试验区和福建自由贸易区等的建立，扩大了贸易规模同时也提高了贸易质量。上海自由贸易试验区充分发挥金融贸易、先进制造业以及科技创新的辐射带动作用，广东自由贸易试验区涵盖了广州南沙、深圳蛇口和珠海横琴三大片区，面向国际市场致力于服务国内经济，贸易量位居全国前列。这些地区的进出口贸易带动了本地经济体量的增加，再加上比较活跃的环境交易市场，市场型环境规制的经济效应随之增加。相比于东部地区，中部地区和西部地区的贸易量就稍显落后，市场型环境规制的经济效应受对外贸易的影响比较小。

从经济增长"质"的方面进行考量，市场型环境规制影响经济增长"质"的边际效应随着进出口贸易的增加而增加在中部地区通过了正向显著性检验，这是因为中部六省协同发展市场潜力非常大，是中国重要的综合交通运输枢纽，同时也是装备制造业、能源等材料基地。由前文的检验可知，中部地区市场型环境规制对经济增长"质"的促进效应通过了显著性检验，中部地区的环境权益交易市场比较活跃，对企业的经济激励补偿效应比较显著，且中部地区协同发展质量的模式在不影响经济发展的情况下使区域性的环境质量得到很大程度上的改善，绿色发展实现可持续化，经济增长质量大幅度提升。此外，中部地区的对外贸易虽然在贸易体量上落后于东部地区，但是外贸新业态正逐步形成，比如湖南省正在建设外贸综合服务体系，主要出口特色产品以及促进加工贸易发展，培育外贸新的经济增长点，贸易也正在向高质量业态转变。山西省也针对本地高质量的贸易发展出台了对应的政策体系，比如改善营商环境，优化货物贸易进口企业的分类分级管理，完善金融服务体系以更好地激活市场活力。因此，随着贸易向高质量方向的逐步推进，中部地区市场型环境规制对经济增长"质"的边际影响也在同步增加。

7.4.2　资源利用异质性

从资源利用水平切入，同样按照前文规划文件里公布的全国资源型城市名单进行划分并分组回归，通过分组回归检验市场型环境规制对经济增长的边际效应随着对外贸易变化的截面差异，结果见表7.6。

表7.6　　　　　　　　　　　　资源型与非资源型异质性检验

变量	资源型城市		非资源型城市	
	量	质	量	质
$market\_ers \times trade$	−0.197 (0.135)	0.023 *** (0.007)	0.295 *** (0.058)	0.009 ** (0.004)
$trade$	−0.053 (0.129)	−0.018 *** (0.006)	0.012 (0.053)	−0.006 (0.005)
$market\_ers$	2.491 (1.547)	−0.229 *** (0.079)	−3.385 *** (0.663)	−0.087 (0.055)
控制变量	是	是	是	是
$\_cons$	1.209 (1.124)	0.464 *** (0.065)	0.268 (0.549)	0.228 *** (0.060)
时间效应	是	是	是	是
个体效应	是	是	是	是
N	2200	2200	3320	3320
R^2	0.7303	0.2857	0.8771	0.1551

注：括号内为标准误差，** 表示 $p < 0.05$，*** 表示 $p < 0.01$。

由表7.6可知，资源型城市和非资源型城市的进出口对市场型环境规制的经济边际效应表现出明显的差异性。

从经济增长的"量"来看，市场型环境规制对经济增长"量"的边际影响随着进出口贸易的增加而增加只在非资源型城市通过了正向显著性检验。根据第 4 章的研究结果，在资源型城市和非资源型城市中，市场型环境规制均对经济增长的"量"产生了显著的促进作用，但是只有非资源型城市的进出口贸易对这种边际影响产生了正向的促进作用，这是因为出口贸易显著地加剧了中国资源型城市的环境污染（魏龙和潘安，2016），资源型城市的市场型环境规制被对外贸易干扰，可能导致市场失灵或政府失效，更深度地贸易合作带来商品和资本的流入，并引发本国产业结果调整。随着生产总值体量的不断增加，污染严重行业比重不断下降而污染较轻的行业比重不断上升，这种产业结构的调整变化会抵消一部分经济增长的规模效应，进出口贸易削弱了市场型环境规制在经济增长"量"方面的效果，导致原本市场型环境规制对经济增长"量"的边际效应受到对外贸易的影响后不再显著。而非资源型城市资源消耗较低，市场型环境规制对经济增长"量"的影响要小于资源型城市，良性的进出口贸易带动经济的规模效应促进了市场型环境规制在经济体量上的效果。

从经济增长的"质"来看，市场型环境规制对经济增长"质"的边际影响随着进出口贸易的增加而增加在非资源型城市和资源型城市均通过了正向显著性检验，非资源型城市的显著性效果明显弱于资源型城市。无论是资源型城市还是非资源型城市，贸易增长可能导致地方经济增长方式改变或企业的投资、生产或消费者的消费方式发生改变从而导致正的环境效应，环境友好型产品的进出口规模扩大。随着经济社会不断快速发展，更多的资源要素和能源在被消耗，因此无论是在资源型城市还是非资源城市，都在面临巨大的环保压力。随着人们生活条件的不断改善，对环境质量的要求越来越严格，环保意识也越来越强，贸易带来的环境质量变化将使环境政策被赋予更高的价值，环境技术市场潜力不断被释放，传统的技术也在更新换代，不断向高效率和低污染方向转变，"绿色技术"的创新开发与应用由于可以减少污染消耗而具有高盈利性。因此，由于绿色技术的扩散效应，市场型环境规制对经济增长"质"的边际效应随着贸易量的增加而增加。

根据前文的研究思路，从成长型、成熟型、衰退型和再生型四种资源型城市进行分组回归，检验进出口贸易视角下市场型环境规制影响经济增长的边际效应在四类资源型城市中的差异，具体结果见表 7.7。

表 7.7　　　　　　　　　　　资源型城市的异质性检验

变量	成长型		成熟型		衰退型		再生型	
	量	质	量	质	量	质	量	质
$market\_ers \times trade$	-0.280	0.042***	-0.006	0.009	-0.229	0.024*	-0.187	-0.002
	(0.202)	(0.007)	(0.156)	(0.008)	(0.194)	(0.013)	(0.302)	(0.008)
$trade$	0.031	-0.021	0.055	-0.011	0.025	-0.037**	-0.454	-0.022
	(0.163)	(0.015)	(0.148)	(0.007)	(0.096)	(0.014)	(0.486)	(0.017)
$market\_ers$	5.257**	-0.267**	-0.197	-0.078	2.942	-0.322*	1.834	0.081
	-0.280	0.042***	-0.006	0.009	-0.229	0.024*	-0.187	-0.002
控制变量	是	是	是	是	是	是	是	是
$\_cons$	-0.154	0.748***	0.191	0.404***	0.567	0.685***	4.852	0.336*
	(1.385)	(0.167)	(1.304)	(0.080)	(0.848)	(0.151)	(4.587)	(0.161)
时间效应	是	是	是	是	是	是	是	是
个体效应	是	是	是	是	是	是	是	是
N	280	280	1160	1160	440	440	300	300
R^2	0.9249	0.3887	0.7752	0.3172	0.8439	0.3769	0.8578	0.4293

注：括号内为标准误差，*表示 $p<0.1$，**表示 $p<0.05$，***表示 $p<0.01$。

由表 7.7 可知，在不同类型的资源型城市中对外贸易对市场型环境规制的经济效应存在显著的差异。

从经济增长的"量"来看，无论是在哪种类型的资源型城市中，市场型环境规制对经济增长"量"的边际影响随着进出口贸易的变动情况均没有通过显著性检验，该结果刚好与表 7.6 的结果相呼应。

从经济增长的"质"来看，在成长型和衰退型的资源型城市中，市场型环境规制对经济增长"质"的边际影响随着进出口贸易的增加而增加至少在 10% 的水平下通过了正向显著性检验。这是因为对于成长型的资源型城市来说，有规定的资源开发强度，资源开发利用效率较高，环境影响评价比较严格，因此成长型的资源型城市中，市场型环境规制下经济绿色发展可持续性强，经济发展质量较高。随着地方贸易方式不断创新升级，贸易带动的经济增长不仅在体量上有所增加，也在质量上有所体现。

而衰退型的资源型城市生态环境压力大，市场化的环境权益交易活跃，在绿色发展的背景下，不再追求"唯GDP"论，经济发展开始从量变转为质变。而在成熟型和再生型的资源型城市中 $market\_ers \times trade$ 的系数均没有通过正向显著性检验，说明成熟型的资源型城市环境资源利用程度已接近上限，没有拓展的空间，再生型的资源型城市发展过程基本不再依赖资源，经济社会发展进入良性循环，对外贸易对市场型环境规制经济效应的影响还未显现。

7.5 本章小结

党的十九届五中全会公报指出，"十四五"时期经济发展要在质量变革的基础上实现绿色可持续发展，生态环境持续改善等，关乎经济社会发展的对外贸易、生态文明建设等也被提及。特别是在新时代新形势的国际贸易背景下，基于贸易开放视角的市场型环境规制的经济效应仍然是被关注的重点。

本部分基于1998～2018年276个地级市的样本数据，首先，在第4章和第5章研究的基础上加入了市场型环境规制和进出口贸易的交乘项，考察市场型环境规制对经济增长"量"和"质"的边际影响是如何随着进出口贸易的变化而变化，并进一步阐释产生这种变化的原因。其次，对市场型环境经济变量进行内生性处理、替换被解释变量以及对数据进行缩尾处理以验证上述研究结果的稳健性。最后，对排污权交易试点进行不同经济带划分、是否为资源型城市以及对资源型城市细化分类，考察对外贸易对不同区域市场型环境规制的经济效应的区域差异性，得出以下结论。

（1）市场型环境规制无论是对经济增长的体量还是对经济增长的质量影响的边际效果都随着贸易量的不断增加而增加。

（2）选择用空气流通系数作为环境规制的工具变量进行 IV 估计，结果显示市场型环境规制的经济效应受对外贸易的影响，市场型环境规制对经济增长"量"的边际效应随着贸易量的增加而增加，市场型环境规制对经济增长"质"的边际效应同样随着贸易量的增加而增加。

（3）分别用地级市生产总值和曼奎斯特－卢恩伯格指数作为经济增长"量"和"质"的替换指标，结果发现无论是否加入控制变量，市场型环境规制与地区进出口贸易变量的交乘项都显著为正，验证了前文市场型环境规制对经济增长"量"的边际影响随着贸易量的增加而增加的回归结果，市场型环境规制对经济增长"质"的边际影响随着贸易量的增加而增加的回归结果，表明结果具有很好的稳健性。

（4）剔除异常值的影响之后，市场型环境规制与地区进出口贸易变量的交乘项都显著为正，验证了前文市场型环境规制对经济增长"量"的边际影响随着贸易量的增加而增加的回归结果，市场型环境规制对经济增长"质"的边际影响随着贸易量的增加而增加的回归结果，表明结果具有很好的稳健性。

（5）在东、中、西三大经济带中，进出口对市场型环境规制的经济边际效应表现出明显的差异性。从经济增长的"量"来看，市场型环境规制对经济增长"量"的边际影响随着进出口贸易的增加而增加只在东部地区通过了正向显著性检验，从经济增长"质"的方面进行考量，市场型环境规制对经济增长"质"的边际影响随着进出口贸易的增加而增加只在中部地区通过了正向显著性检验。

（6）资源型城市和非资源型城市的进出口对市场型环境规制的经济边际效应表现出明显的差异性。从经济增长的"量"来看，市场型环境规制对经济增长"量"的边际影响随着进出口贸易的增加而增加只在非资源型城市通过了正向显著性检验。从经济增长的"质"来看，市场型环境规制对经济增长"质"的边际影响随着进出口贸易的增加而增加在非资源型城市和资源型城市均通过了正向显著性检验。

（7）在不同类型的资源型城市中，对外贸易对市场型环境规制的经济效应存在显著的差异。从经济增长的"量"来看，无论是在哪种类型的资源型城市中，市场型环境规制对经济增长"量"的边际影响随着进出口贸易的变动情况均没有通过显著性检验。从经济增长的"质"来看，在成长型和衰退型的资源型城市中，市场型环境规制对经济增长"质"的边际影响随着进出口贸易的增加而增加，至少在 10% 的水平下通过了正向显著性检验。

基于以上研究结论，本章提出如下建议。

（1）继续深化改革开放，扩大进出口贸易。由研究结果可知，地方的进出口贸易对市场型环境规制的经济边际效应存在正的显著性，由此可说明我们应该加大进出口贸易，不仅可以提高市场型环境规制对经济增长"量"的边际效应，同时可以兼顾市场型环境规制对经济增长"质"的边际效应。"一带一路"、自由贸易区等平台都促进了商品在国际市场上的自由流动，2020 年 11 月中国加入了全球最大的自贸区，就是想要通过贸易的多边合作，发展成为中国扩大对外开放重要的平台，推动中国形成国内和国际双循环的发展格局，此举也将继续促进中国市场型环境经济的政策效应。

（2）考虑贸易开放视角下市场型环境规制经济效应的区域异质性。由研究结果可知，在东、中、西三大经济带中，进出口对市场型环境规制的经济边际效应表现出明显的区域差异性，因此，市场型环境规制的制定要考虑地区贸易发展情况。西部地区的进出口贸易对市场型环境规制的经济效应均没有通过显著性检验，市场型环境规制以及贸易政策在完善的过程中应主动向西部地区倾斜，避免出现整体向好局部亦忧的失衡状态。西部地区贸易规模亟须扩大，各省份之间贸易规模增长分化现象严重，区域分布极不平衡，对外资的利用水平也比较低。因此，西部地区如何克服自身产业结构布局，吸引加工贸易产业成为关键。

（3）贸易开放视角下市场型环境规制经济效应的区域异质性需考虑资源利用水平。由研究结论可知，资源型城市与非资源型城市以及不同类型之间的资源型城市贸易开放视角下，市场型环境规制的经济效应表现出明显的差异性。因此，为了增强进出口贸易量对市场型环境规制经济效应的促进作用，对外贸易政策以及市场型环境规制应向非资源型城市倾斜，加大非资源型城市的对外贸易，扩大贸易规模以及提高贸易质量。促进非资源型城市的环境权益二级交易市场的活跃，只有让市场中有企业积极参与以及自愿参与污染减排，才能达到环境权益交易的目的，促进地方经济可持续高质量发展。

（4）推动贸易和环境的循环发展。在发展区域经济合作和多边主义时，中国不断推进"一带一路"建设，加强多边贸易和投资便利化，短时间内努力解决环境污染问题以包容可持续发展，取得了贸易和环境的良性循环。在衡量国家经济发展实力时，环境成本的因素不可忽视，有贸易需求的企业应考虑将环境成本内部化，减少资源浪费树立企业国际形象。调整国际贸易产品出口结构，严禁高污染产品进口，通过出口高附加值产品提升贸易质量。大力发展绿色贸易，加强自由贸易区生态环境保护。在环境管理和政策创新上下功夫，努力实现减污减碳协同增效，细化绿色贸易规则，主动化解环境贸易风险。

（5）推进数字贸易发展。数字技术与贸易的融合让中国数字贸易发展表现出强劲的势头，未来数字贸易规模、信息技术服务出口以及数字内容出口能力将持续增强，国际数字贸易市场将会进一步扩大。但是仍然存在贸易发展挑战，需要提升发展思路。首先，必须提高创新驱动能力，推动数字技术领域发展，构建数字经济创新生态，鼓励研发企业投入创新支持资金，完善科研创新保障机制以及产权保护法律制度。其次，引导地区产业和贸易的数字化转型。未来仍需扩张信息技术等数字化贸易的进口，提升技术创新、贸易价值链经济增值。有效整合各种数字资源，服务传统企业改造升级，帮扶企业建立数字化以及智能化经济贸易系统。最后，探索更高标准的数字贸易规则。积极与国际数字贸易规则接轨，优化外商投资准入负面清单，提高数字化交付率，加强与国际市场互通水平，利用国内"一带一路"建设平台、自贸区建设平台、自由贸易港建设平台等，探索跨境服务贸易管理机制构建，推动与周边国家的数字贸易合作，但是需要提高风险预警以及风险化解能力。

第8章 结论与政策建议

"十五"期间,高污染、高消耗和高排放的粗放型发展模式及环境资源的低效率利用加剧了环境污染问题的严峻性,尤其是大气环境和水环境遭到了严重的破坏后,环境资源短缺的问题不断凸显,由环境治理严重滞后于经济发展引发的一系列问题也日渐显现。经济的快速发展和结构变化让环境治理与经济增长之间的差距越拉越大,"十五"期间我国工业废气排放量、工业废水排放量以及固体废弃物的排放量急剧增加,虽然制定了具体的污染物减排目标,但基本上均没完成。随着工业化、城镇化的快速推进,生态环境治理的压力前所未有,环境污染问题日益成为经济社会发展过程中的突出短板,建设资源节约型和环境友好型社会的新思路和新想法开始被提及。

"十一五"开局之年,第六次全国环境保护大会召开,明确提出要从重经济轻环保的思想中转变出来,要实现环境保护与经济发展并重,环境规制手段从主要的行政控制转变为经济手段与行政办法综合运用。第七次全国环境保护大会又提出了"在发展中保护、在保护中发展,积极探索环境保护新道路"的新想法,环境保护规划由软约束转为硬约束,总量控制目标被提升至国家战略定位,制定了二氧化硫和化学需氧量排放的"刚性约束"目标,即计划到 2010 年,其排放量在 2005 年基础上削减10%,实际上也是超额完成了污染减排任务。

"十二五"时期，在经济社会持续发展、主要经济指标和能源消耗不断增加的情况下，环境质量不断改善，全国化学需氧量、氨氮、二氧化硫和氮氧化物排放总量分别较 2010 年平均下降了 10 个百分点，化学需氧量和二氧化硫均实现了污染减排目标，氮氧化物甚至实现了超减排，环境保护和经济增长开始有了动态平衡。"十三五"时期，我国环境治理成效明显，绿色发展理念得到了深入推广，截至 2018 年底，全国部分落后过剩产能被化解（董战峰等，2020），污染防治攻坚战取得较大进展，生态环境市场机制基本建立，多元治理格局也初步形成，如排放权交易、环境保护税以及绿色债券等发挥重要作用，《公民生态环境行为规范（试行）》颁布，公众参与环保的意识与行动均有了大幅度提高。

"十三五"时期，虽然市场机制在环境治理中发挥了重要作用，但是以市场为导向的生态环境政策尚未充分发挥其效用，与其他国家相比投入力度稍显薄弱，税制不健全以及范围过于狭窄等难以调控生产和消费行为。当前，环境保护的力度、深度以及广度前所未有，有必要将环境保护与经济发展相结合，而且"十四五"时期生态环境政策改革和创新需求就是切实把以市场为主体的环境行为交由市场自主调节，在环境保护政策工具上将会作出适当的调整。

8.1 结论

基于以上研究背景，本书检验了中国目前现行的市场型环境的经济效果，并对研究结果进行了稳健性检验、异质性分析、机制分析等，进一步考察了在贸易开放视角下市场型环境规制影响经济增长的边际效应，主要研究结论如下。

（1）借鉴麦克基特里克（Mckitrick，2011）的研究思路，通过对等排放线和等利润线的推导，寻找出了企业既能满足排放约束又能满足企业利润的切点路径，说明在市场型环境规制约束下存在经济和环境的协同推进路径。

（2）以二氧化硫排污权交易为代表的市场型环境规制对经济增长"量"的双重差分检验结果显示核心解释变量均在 1% 的水平上显著为正，即排污权交易可以实现对经济增长"量"的正向促进作用，这种结果在三大经济带也均表现出显著的促进作用，但是在资源利用水平层面表现出明显的差异性。

（3）以二氧化硫排污权交易为代表的市场型环境规制对经济增长"质"的双重差分检验结果显示核心解释变量均在 10% 的水平上显著为正，即排污权交易可以实现对经济增长"质"的正向促进作用，这种结果在不同的区域和不同的资源利用水平下均表现出明显的异质性。

（4）产业结构升级不仅是市场型环境规制影响经济增长"质"的重要渠道，同时也是市场型环境规制影响经济增长"量"的重要渠道；技术创新效应是市场型环境规制影响经济增长"量"的重要渠道，但是对市场型环境规制影响经济增长"质"的重要渠道效应还未显现出来；异质性检验结果分析显示，环境规制与经济增长质量协同推进的产业结构升级效应在东、中、西三大经济带均不明显，环境规制与经济增长体量协同推进的产业结构升级效应在东、中、西三大经济带也均不明显；市场型环境规制对经济增长质量影响的技术创新效应在东、中、西三大经济带不显著，市场型环境规制对经济增长体量影响的技术创新效应只在东部地区显著。

（5）市场型环境规制无论是对经济增长的体量还是对经济增长的质量，其边际效果都随着贸易量的不断增加而增加；选择用空气流通系数作为环境规制的工具变量进行 IV 估计，分别用地级市生产总值和曼奎斯特—卢恩伯格指数作为经济增长"量"和"质"的替换指标以及剔除异常值的影响之后，市场型环境经济政策与地区进出口贸易变量的交乘项都显著为正，验证了前文的结果，表明结果具有很好的稳健性，但是该研究结果表现出了明显的区域异质性和资源利用的异质性。

8.2 政策建议

8.2.1 完善市场化环境政策机制

由研究结论可知，市场化的环境规制政策不仅显著促进了经济增长的体量，对经济增长的质量也是明显的促进作用，因此完善目前现有的市场型环境规制政策很有必要，进一步优化生态环境的市场化机制与"十四五"时期的环境治理和经济发展相匹配。

第一，利用市场化机制推动污染减排工作。对污染较严重的地区比如京津冀及周边地区的大气污染排放进行限期整理，对污染严重的行业比如火电、钢铁和水泥等进行废物的排污设施改造。为了推进污染总量控制工作，政府应对环保电价进行补贴，尤其是在燃煤机组超低排放时进行电价补贴。在污水排放方面应加强污水处理厂废水处理运行设施监管，生活污水和工业废水分开处理，管网配套设施要达标。另外，需做好环境统计工作，利用大数据平台对污染排放进行监管和管控，构建污染数据质量统计体系，重视对总量控制目标数据的统计工作，对地区环境承载力进行核算和评估，建立环境承载力技术评估体系，能对环境风险及时预警和调控。

第二，健全以排污权为代表的生态环境权益交易市场机制。继续在全国范围内推行排污权交易试点工作，但是在试点工作开始前要严格执行国家对污染物的减排要求，不得超过总量控制，环境质量不达标的地区不得增加总量进行排污权交易。尤其是对污染比较严重的火电企业，应避免与其他工业类型的企业进行排污权交易，若企业之间的污染物排放种类不一样也不得进行排污权交易。政府应积极指导参与排污权交易的单位通过投入清洁生产技术、淘汰落后和过剩产能等减少污染物排放，形成"排污权剩余"以参加市场交易,从而获得经济激励。积极探索排污权抵押融资渠道,鼓励社会资本积极参与排污权交易和污染减排,此外政府要及时公开排污权交易信息,比如污染物总量控制的要求、排污权交易拍卖和回购、市场交易价格以及交易量等,以确保公开透明推进排污权交易工作。

第三,激活排污权交易市场。政府和市场职能要划分清楚,市场型环境规制中政府的职能主要体现在一级市场中,主要了解企业的排污信息、熟悉市场的供需情况以及协调相关职能部门做好二级市场交易的提前准备工作,在对战略新兴产业和污染治理达标的企业配额分配时,排污权有偿使用费可以制定优惠政策。激活二级市场,主导权在于市场,突出市场自主调节的作用,建立以市场化为主的二级交易市场,提供多样化的交易方式,政府不宜过多干预二级市场交易情况,应将企业从污染减排的排污权交易中获取经济激励作为重点。

第四,完善排污权有偿使用制度。地方以总量控制为前提条件,将污染排放总量指标分解到各排污需求企业。根据环境保护有关法律法规、污染物的约束性指标、地方的产业规划与布局以及现有污染状况对排污单位的排污权进行核定,不得为有违反国家产业政策的排污单位核定排污权。排污权的使用应有偿获取,排污单位需缴纳排污权使用费或通过交易获得排污权并在规定期限内使用,可以对剩余的排污权转让或抵押。排污单位在出让排污染权时可以选择定额出让、公开拍卖的方式,但是出让标准应该由地方政府部门根据当地环境污染治理成本、环境资源的稀缺程度等因素确定。政府对排污权使用费的收缴应该按照排污管理权限进行,由地方国库收取纳入地方财政预算管理。如果排污单位无法一次性缴纳排污权使用费,可在年限内选择分期缴纳。

第五,强化排污权监管和服务保障。排污权交易的开展需要财政部、生态环境部以及国家发展改革委等部门实施联防联控保障,多部门应该对排污染交易市场的变化及时预警或动态调整政策,避免排污权交易价格出

现过高或过低，扰乱排污权交易市场。监管部门应及时公开排污权的核
定、排污权使用费的收缴、排污权的出让等情况，准确计量污染物排放
量，督促重点排污企业主动安装污染检测装置，做到信息公开透明。此
外，对排污企业也要做到监督性检测，对于排污权以外的超量排放或排污
权交易过程中的造假，应当严肃处理。各监管部门和排污单位应该主动接
受社会监督，优化工作流程，加大执法力度，充分发挥市场在资源配置中
的决定性作用。

8.2.2　推动产业结构升级进程

由研究结论可知，产业结构升级在市场型环境规制对经济增长体量的
影响中是重要的中介工具，而且在市场型环境规制对经济增长质量的影响
中，产业结构升级效应仍然显著，因此，有必要继续推进产业结构升级进
程，保持产业结构升级中介效应的有效性。

第一，推进第三产业发展。环境污染问题的本质是经济产业结构布
局、经济发展方式以及市场消费模式的问题，因此在产业结构调整上有所
突破，是从根本上解决环境污染问题的重要途径。第三产业主要包括流通
和服务两大部门的相关产业，第三产业相对第二产业污染强度较低，对污
染总量控制工作具有重要的意义，应提高清洁行业的市场进入门槛，鼓励
企业发展低消耗、低排放的先进产能，充分发挥技术投入对产业结构升级
的作用。另外，建议对淘汰落后产能实行目标考核制，在期限内对企业以
及相关责任人进行绩效考核，鼓励引进新兴产业、清洁型产业以及开发新
能源等，对污染相对比较大的诸如火电、煤炭、钢铁、造纸以及印染等行
业要重点整治，落实具体的产能任务，将目标具体分解到市、县和镇—层
级淘汰不达标产业。为防止不达标新增或转移，要及时对早期的落后设备
予以回购或报废处理，善于利用经济手段和市场规律推进对不达标产业的
淘汰。

第二，推进制造业发展结构的优化升级。制造业作为中国国民经济发展的支柱产业，其发展结构的优化对整个产业结构的优化升级至关重要。随着技术的投入以及推广，不能再将制造业理解为高能耗、高排放以及高污染的行业，很多制造业已经完成了内部的改造升级，成长为集约型、清洁型的新型制造业。政府和企业应根据区域环境和承载力情况科学制定制造业发展思路，确定切实可行的发展目标，有计划地对外资进行合理利用，在对外资进行引进以及吸收时要充分尊重制造业市场的发展规律，创新利用外资，提高外资有效利用率。此外，制造业的发展也离不开产学研的结合，可适当地引进人才，提高自主创新能力，加强知识产权保护，大力推进成果转化，增强制造业的核心竞争力。

第三，推进产业间融合发展。融合发展是目前产业发展的特征和一种重要的趋势，也是实现经济高质量发展的重要途径，比如，当下时兴的制造业与信息通信技术融合发展的数字经济。目前，海尔等企业在发展的工业互联网和创客平台，融合了制造业和消费的互联网，是工业发展的一种新业态，政府应鼓励企业往产业融合发展的方向探索。另外，制造业与现代服务业的融合即"制造业 + 模式"的产业融合发展可以改善产品同质化的现象，实现企业间差异化竞争，增加企业的盈利能力。因此，要深入推广产业融合发展理念，缩减制造业和服务业在税收、融资和财政等方面的差距，缩小融合成本。建立融合平台也是不可或缺的，可以提高资源整合率，实现产业间的融合发展，打造融合发展示范区，从点到面进行推广，形成产业集聚发展新形态。

第四，建立产业结构升级的长效机制。产业结构升级的稳定推进需要有一套长效机制做保障，包括制度建设、产业布局调整以及投资拉动等。制度建设重点在于形成有利于产业结构升级的制度环境，财政政策、货币政策等宏观经济政策都可以作为产业结构升级的引导性政策。非均衡梯度发展导致我国经济发展不平衡，沿海、南方地区较西部和北方地区发达，城市较农村发达等非均衡化发展现象明显。为解决中国整体发展不平衡问题，可以考虑城市群协同发展模式，均衡实施西部大开发、中部崛起等战略，东部产业向西北地区适度转移，缩小区域以及城乡发展差异。此外，推进产业结构升级可以考虑投资拉动，通过项目引资增加对新技术的投入以及对新产品的开发，结合当前绿色发展背景利用数字化技术提高区域产品以及新能源产品的产能，利用新技术对传统产业加以改造，提高投入要素的利用率。

第五，推进数字平台建设。数字经济已逐渐成为各国经济发展和增长的新引擎和新动能，夯实数字经济发展根基，推进数字平台建设是实现产业结构升级的重要抓手，数字产业化建设和产业数字化建设将引领经济结构转型升级，形成产业供给和产业需求的新均衡。数字产业化是一种新业态，是实现经济增量扩能的重要途径，可以在产业结构升级过程中发挥基础性和先导性作用，利用数字化技术解决产业结构升级进程中的痛点和堵点，实现传统产业跟随化发展向引领式发展转变。在我国产业结构升级的关键期，数字产业的空间布局也是影响产业协调发展的重要因素。当前产业间发展互动较少，存在"数字化鸿沟"，导致东中西数字化产业出现失衡，因此建设数字化平台，优化数字产业发展空间布局，形成优势互补的产业格局至关重要。

8.2.3 加大科技创新投入力度

由研究结论可知，技术创新在市场型环境规制对经济增长体量的影响中是重要的中介工具，但是在市场型环境规制对经济增长质量的影响中，技术创新效应却不显著，因此，有必要加大技术创新投入力度，推动市场型环境规制的经济效应由量变到质变的转换。

第一，创新融资渠道增加科技创新预算。若要增加政府支出预算中科技创新支出占比，发展科技信贷业务是重要的途径之一，为科技企业提供科技信贷产品，针对科技企业制定专门的信贷政策，推动人工智能、大数据等技术在企业的征信、风险评级以及成果评估等工作中的应用，进一步完善和畅通科技创新融资渠道，从而增加企业的科技创新投入。为鼓励和促进创新创业投资发展，可让更多的社会资本参与创新创业投资，支持创新企业发行公司债、企业债等债券融资工具，满足科技企业的多样化融资需求。由于企业科学技术投入存在一定的风险，因此，融资渠道需要完备的科技融资担保和制度体系，要构建与科技型企业发展特点相适应的风险保险控制体系，加大对科技融资担保机构资本支持和风险补偿力度，对科技金融中介服务体系进行培育和发展，推动地方政府牵头搭建地方征信平台，加强区域征信互联互通，保障政府有足够的科技预算支持企业发展。

第二，优化科技资源配置均衡投入科技创新资金。目前科技资源在优化配置过程中还存在散乱、低效率和重复的问题，可以从人才和创新体系构建方面考虑改善。在人才方面，培养技术型科研人才进行技术创新团队建设，优先进行基础理论研究，再进一步向应用迈进，遵循科学发展规律，培养创新型人才。在构建创新体系方面，鼓励跨学科构建，在不同的领域跨学科进行基础理论和应用创新体系构建，培养自主创新能力，在关键领域掌握核心技术，优化配置学科资源优势，加大对应用研究的多渠道投入和支持，为科研体系创造良好的软硬件环境。另外，国际科技合作也是未来技术发展的大趋势，在开放合作环境中提升自身的科技创新能力。

第三，积极促进科技成果转化增加科技创新投入动力。产学研相结合是融合发展中知识创新和技术创新的一种方式，要融合多种形式的功能和资源，将基础知识转化为创新能力。产学研基地的建设为企业、科研院所和高校搭建了协同创新平台，有利于加快科研成果的应用转化，在关键技术上突破创新。政府需为企业、科研院所和高校提供快捷的成果转化通道，把控技术专利申请质量，同时加强对知识产权的保护。另外，需要积极探索创新产学研合作的新模式，以市场为导向开展技术创新合作，让市场在创新资源的配置中发挥其作用，这样才能激发创新活力，提高创新效率。实际上，产学研合作更具现实导向性，科技成果只有转化之后才更具应用价值。

第四，完善科技创新管理体制。深化科技创新管理体制是推动经济高质量发展的内在要求，也是提高政府内在治理效能的关键举措。完善当前科技创新管理体制，能更好地适应国际科技竞争、应对科技风险新挑战以及满足建设世界科技强国的需要。从管理体制上增强科技创新和应急应变能力，改变关键核心技术受制于人的局面。以问题为导向，聚焦重大科研攻关难题，建立能快速响应的数字化科技创新管理体制，统筹协调针对性政策制定，强化政策的有效衔接，将市场需求和国际竞争力紧密结合，实现科技创新资源的跨区域、跨部门整合，提高科研投入的产出效率，掌握新产业的新技术，提高区域科技创新管理效能。科技管理体制要符合现代化科技创新发展需求，将制度创新、管理创新等融合进科技创新管理体制中，优化创新组织架构，让管理体制发挥创新活力和潜能，促进创新供给与发展需求高效对接。

第五，培养高水平创新人才。高水平的科技创新竞争，归根结底是人才的竞争。高水平创新人才培养首先需要加大基础学科人才培养力度，在建设基础学科培养基地、尊重原始创新人才培养上做"加法"，在教育科研的评审机制上做"减法"，从烦琐、不必要的束缚中解放出来。其次，要加大人才对外开放力度。结合现实需要和发展实际，汇聚全球智慧资源和创新要素，加强人才之间的交流，鼓励国际学术交流和科研合作。人才培养基地要创新培养方法，使人才培养渠道多元化，在事业发展中激励人才、让人才资源成就事业发展。最后，加快形成有利于人才成长的培养机制、人尽其才的使用机制、竞相成长各展其能的激励机制、各类人才脱颖而出的竞争机制。遵循教育规律和人才成长规律，在承认知识的阶梯与教育的差异的基础上，实施渐进性、个性化的教育，将基础研究纳入科技工作，实现拔尖创新人才的自然有机生长。

8.2.4 拓宽国际贸易渠道

由研究结论可知，市场型环境规制无论是对经济增长的体量还是对经济增长的质量，其边际效果都随着贸易量的不断增加而增加。因此，有必要积极探索国际贸易渠道，搭建贸易往来平台，为市场型环境的经济效应提供有效率的影响因素。

第一，提高数字化水平发展以便捷进出口贸易。新冠疫情对全球贸易的冲击让世界经济发展速度减缓，全球产品供给和需求面临巨大挑战。在新冠疫情的冲击之下，政府对外贸发展、供应链的运转等作出及时研判，稳定了国际市场份额。随着数字技术的不断进步，数字经济在整个社会经济发展的作用不可小觑，数字生产、数字服务等使国际贸易结构发生一些变化，不可贸易的服务在数字技术的推动下变得可贸易化。同时，数字贸易改变了消费习惯以及工作方式，在线交易以及电子商务贸易新模式不断推陈出新，促使国际贸易服务方式也发生相应的改变，由于实体交易而存在的移动销售、市场营销和服务等都可以基于数字技术实现跨境完成。因此，互联网、大数据和人工智能等与贸易的有机融合，正在发掘贸易发展新动能，未来"数字贸易示范区"的建设也将推动数字贸易加速发展。

第二，推动服务贸易发展以多元化进出口贸易类型。一直以来，国际贸易中的货物占比居高不下，服务贸易占比明显落后，但是《世界贸易报告：服务贸易的未来》报告中预测，服务贸易在国际贸易中的占比在2040 年预计可达到50%。目前，通信、计算机等新兴服务发展势头很足，在国际贸易中的挤出效应让旅游、运输等传统的服务业占比一直下降。目前，也可以意识到在疫情期间，数据共享、远程医疗探讨等需求在持续扩大，若能熟悉了解贸易市场中服务贸易的需求，继续对服务贸易负面清单管理进行探索，深化推进服务贸易开放，使生产要素向高端服务业合理流动，将有助于提升中国服务贸易的国际竞争力，使货物贸易和服务贸易在国际贸易往来中平衡发展。但是，强调贸易的发展并不是弱化了制造业对中国经济发展的贡献，相反，服务贸易的高质量发展将有利于制造业向更智能更高端转型，培养高端制造优势。2020 年 11 月，中国作为参与方正式签署了经贸规模最大的区域全面经济伙伴关系协定（RCEP），服务贸易也是其中重要的贸易领域，贸易投资市场空间越大，贸易往来也会更便捷。

第三，推动自由贸易区建设以搭建进出口贸易平台。进出口贸易对市场型环境规制的经济效应有显著的促进作用，而自由贸易区建设是中国深化改革和扩大开放的重要举措，是促进贸易合作的重要平台。中国前后共设立了 21 个自由贸易试验区，在东、中、西发展经济带均有覆盖，试验区将通过自主开放赢得更多的主动发展权和主动竞争权，不断探索开放型经济发展新体制，获得多项制度创新成果，并向全国或特定地区复制推广，不断激发市场活力。对标国际贸易投资准则，高标准完成进出口贸易，扩大高质量和有效率的对外投资和外资吸引，善于运用大数据、互联网等高科技手段提高贸易效率，降低贸易往来成本。自贸区的建设为中国贸易增长开辟了新空间，企业应充分利用该平台，加强自主创新能力，让更多高附加值的产品"走出去"，引进高质量外资，增强国际市场竞争力，以互惠互利和互利共赢为市场合作导向，扩大国家间的贸易合作。

第四，对标高标准优化自由贸易区发展环境。自贸试验区的长远发展必须有其鲜明的特色，打造出特色品牌，要将国家对自贸区的功能定位作为发展基调，全面了解国内外发展态势，营造有利于产业或项目发展的贸易环境。在已有发展的基础上，明确快速发展项目、优化提升项目以及需要改造项目。借鉴和总结国内外自由贸易区发展的经验和教训，重视制度创新，使制度创新成为推动发展的强大动力，吸引更多的高端要素，形成更多可复制和可推广的贸易成果。完善投资负面清单，对标国际规则，提高贸易投资便利化水平，吸引高质量资本和金融服务，更好地推动实体经济发展，营造良好的营商环境。此外，自由贸易的发展离不开区域发展联动，腹地经济可以为自贸试验区的发展提供强有力的支撑，让更多有带动能力的企业和优质项目享受自贸区政策红利，有效促进企业更好更快发展。依托腹地区域的发展基础和地域优势，优化布局自由贸易产业链、供应链和价值链，通过政策优惠和监管，营造符合国际惯例的国际化发展环境。

第五，以绿色贸易为抓手推动自贸区提质增效。加强绿色贸易是推动自贸试验区高质量发展的重要途径和抓手，也充分体现了自贸试验区对发展绿色贸易的引领作用。自由贸易区的绿色发展需要加强环境管理制度和政策创新引领，围绕减污降碳的协同推动碳排放权交易资源储备，建设"无废区"。将绿色贸易政策和规则细化，各自贸试验区应根据区域所处地理位置、国家赋予的定位以及生态环境管理与贸易之间面临的具体问题，严格落实绿色贸易政策和规则，并对绿色贸易发展情况定期评估，主动防范和化解贸易环境风险，在物流、人流频繁区域划定贸易环境风险点，赋予风险点更大的政策空间，积极向绿色贸易转型。同时，还要对标国际绿色贸易规则加强国际环境合作，与国际自贸区接轨，推动环保产业园和环境技术创新中心的建立和绿色供应链管理，重视世界贸易组织环境和贸易规则。

8.2.5　统筹经济的提质增量

第一，辩证看待经济增长质和量的关系。量的合理增长与质的有效提升两者相互依赖。质的有效提升以量的合理增长为基础，在经济结构转型升级过程中，生产效率低、高耗能、高污染以及高排放行业和企业的产能逐渐被淘汰，这些行业和企业释放大量劳动力等生产要素，只有保持一定的经济体量才能对这些生产要素重新配置。质的有效提升本身就蕴含着量的合理增长，质的有效提升不能忽略经济运行的成本收益，经济结构转型升级要避免产业发展过度去工业化，向所谓的高级化转型，导致产业空心化发展，降低产业核心竞争力。当经济增长实现了质的突破时，现代化产业体系已经呈现，产业结构不断优化调整，传统产业不断升级改造，不断涌现新产业、新业态以及新模式等，刺激新的经济增长点，在经济处于高效率和高水平发展时，收入、财富分配、内需等对增长的支撑作用越来越明显，又反过来为量的合理增长奠定了基础。

第二，实现经济量的合理增长夯实发展基础。经济增长在量上的合理运行是保障就业和民生的现实和客观要求。当前，我国就业市场面临总量压力，结构性矛盾突出，稳定就业依然面临不少挑战，稳定经济增长速度保持一定的增长体量，能为稳定和扩大就业提供经济基础。我国经济体量总规模已经稳居世界第二，人均国内生产总值接近高收入国家门槛，实现2035 年人均国内生产总值达到中等发达国家水平、基本实现社会主义现代化的目标，都需要经济量的合理增长作为物质基础。因此，量的合理增长不仅是对增长速度的调整，是在质量更高、效益更好、结构更优、优势充分释放基础之上的经济增长速度的优化，需要发挥各方面的积极主动性和创造性，保持总水平基本稳定。

第三，推动经济质的有效提升助力高质量发展。从供给侧来看，经济增长在体量上要保持合理的增长，但是在不同部门、不同行业之间可以差异化发展，增长速度允许有所差别。投入产出效率更好、创新发展强劲的行业增长速度可以更快，但是低附加值以及产出效率较低的行业在市场调节和政策作用下可以逐渐放缓。所以，推进经济体量增长的过程也是经济增长质量提升的过程。从需求侧来看，如果实现了量的合理增长有助于发挥我国市场规模优势，实现分工专业化，促进经济发展质的提升。体量的增长不仅提高了居民收入和消费水平，而且强化了消费对经济拉动的基础性作用，以规模扩大、结构升级作为内需牵引，从而催生优质的供给。整个过程也在不断积累符合高质量发展的经济体量，最终实现质的突破。

第四，支持金融力量贡献经济提质增量。经济提质增量靠的是实体经济发展，而支持实体经济一直是金融机构的主责主业。金融机构将在普惠金融、绿色发展、科技创新等国民经济重点领域和薄弱环节的供给侧发力，在住房、汽车等大宗消费，教育、文化、体育等重点领域的需求侧也将释放更多金融创新和金融支持，扩大内需落实消费。金融支持工具方面，创新性的结构性货币政策工具将发挥更大的作用，引导金融机构合理投放贷款，让金融资源流向重点领域和薄弱环节，为稳定宏观经济发挥了积极效果。此外，普惠小微贷款增长速度保持稳定，对民企的支持在持续优化发力，激发民营企业的经济活力。结合数字经济发展，金融业与数字经济整合，利用数字技术降低了金融服务的门槛，让无法享受数字金融服务的市场主体也能便捷地获取金融服务，实现数字金融的全覆盖，为市场主体的经济活力注入金融元素。数字金融依托大数据等加速了金融业数字化转型，优化了信贷业务流程，降低信息搜集成本、人力成本以及运营成本等，有利于增加经济产出和促进经济增长。实现经济在质上的有效提升和量上的合理增长，除了金融支持工具以外，财政政策和其他社会政策也应该考虑在内，发挥政策之间的高效协同和衔接。

第五，发挥数字经济牵引力。作为传统经济发展治理方式的变革与重构，数字经济运用互联网技术和信息化手段利用大数据可以精准对数字经济发展成效进行分析，研判数字经济发展过程中存在的问题、形势以及未来发展趋势。数字经济不仅能提高我国经济整体发展质量，而且能提高经济治理效率。发挥数字经济的作用力，首先要在技术层面推动经济数字化建设，构建数据检测预警、信息披露以及数据共享平台，强化数字经济发展的精确性。其次，要在制度层面加强数字经济法治化建设，针对数据交易、数据安全以及数据确权应该有明确的法律法规，让数字经济发展更具规范化。通过对数字经济发展过程中知识产权的保护，为数字经济良性发展提供法治保障。最后，要推动形成共同参与、协同共治的多元化数字经济治理模式。在明确数字经济法治化发展的基础上，构建各种主体广泛参与的多元化治理体系，明确各主体的功能职责。政府部门要实现发展和监管两手抓，制定灵活有效的发展和监管政策，行业协会要规范企业在平台的行为，提高企业自我约束和自我管理能力，提高失信和违法成本。

8.3　研究不足及展望

本书利用地级市的数据样本，经过数据整理、文献梳理、理论推导、实证检验等得到了一定的研究结果，并根据研究结果提出了针对性的政策建议。但是，本书的研究还存在一些不足之处，主要表现在：（1）鉴于地级市某些变量的数据缺失的年份相对比较多，在处理过程中对数据进行清洗或填补缺失值时，多样的数据处理方法可能会对研究结果造成一定程度的影响；（2）理论推导的过程是经过了严格的假设条件得出的推论，可能与现实经济体略有偏差。

长期以来，经济增长与环境保护的协同一直是热点话题，随着研究背景和研究方法的不断变化和更新，研究的角度和深度等也会不断发生变化，鉴于本书仍存在一些不足之处，在今后的研究中可以从以下几个方面进行拓展分析。（1）细化研究的深度。本书将研究对象定位在了地级市层面，相对于企业层级数据颇有些宏观，不利于根据企业面临的实际问题提出政策建议。在今后的研究中可以多方面搜集企业级污染数据，在企业层面展开相关研究，更能贴近研究现实。（2）进一步拓宽理论模型。本书通过构建理论模型推导经济增长与环境治理协同推进的路径，但是理论模型的一些假设条件可能过于严格，在今后的研究中可以在推导过程中放松对某些条件的假设情况，使模型的构建和理论的推导更能接近研究现实。（3）扩展环境规制的研究类型以及引入国内贸易视角。本书的研究主题是考察以二氧化硫排污权交易为代表的市场型环境规制的经济效应，以后的研究中可以多维度地考虑环境规制，将不同类型的研究结果作简单的对比分析，拓宽贸易视角，引入国内贸易考察邻居效应研究变量的影响。

参考文献

［1］白俊红，王林东．创新驱动是否促进了经济增长质量的提升？
［J］．科学学研究，2016，34（11）：1725－1735．

［2］曹建海．加入世贸组织与中国工业发展［J］．管理世界，2001
（06）：63－71，105．

［3］陈乘风，许培源．社会资本内生化的技术创新与经济增长模型
［J］．宏观经济研究，2017（09）：98－106．

［4］陈东景，冷伯阳．异质型环境规制对雾霾污染的影响——基于
空间杜宾模型［J］．江汉学术，2021（01）：1－9．

［5］陈冬华，姚振晔．政府行为必然会提高股价同步性吗？——基
于我国产业政策的实证研究［J］．经济研究，2018，53（12）：112－128．

［6］陈璋，唐兆涵．试论改革开放以来我国经济增长与宏观经济管
理模式特征——兼论供给侧结构性改革的意义［J］．经济学家，2016
（10）：5－12．

［7］董敏杰，梁泳梅，李钢．环境规制对中国出口竞争力的影
响——基于投入产出表的分析［J］．中国工业经济，2011（03）：57－67．

［8］董战峰，陈金晓，葛察忠，毕粉粉，王金南．国家“十四五”
环境经济政策改革路线图［J］．中国环境管理，2020，12（01）：5－13．

［9］豆建春，冯涛，杨建飞．技术创新、人口增长和中国历史上的

经济增长［J］.世界经济，2015，38（07）：143 – 164.

［10］樊成，潘凤湘.我国二氧化硫排污权交易制度内涵及实践［J］.求索，2013（02）：21 – 23.

［11］范丹，孙晓婷.环境规制、绿色技术创新与绿色经济增长［J］.中国人口·资源与环境，2020，30（06）：105 – 115.

［12］范庆泉，储成君，高佳宁.环境规制、产业结构升级对经济高质量发展的影响［J］.中国人口·资源与环境，2020，30（06）：84 – 94.

［13］干春晖，郑若谷.改革开放以来产业结构演进与生产率增长研究——对中国 1978 ~ 2007 年"结构红利假说"的检验［J］.中国工业经济，2009（02）：55 – 65.

［14］干春晖，郑若谷，余典范.中国产业结构变迁对经济增长和波动的影响［J］.经济研究，2011，46（05）：4 – 16，31.

［15］高苇，成金华，张均.异质性环境规制对矿业绿色发展的影响［J］.中国人口·资源与环境，2018，28（11）：150 – 161.

［16］高翔，刘啟仁，黄建忠.要素市场扭曲与中国企业出口国内附加值率：事实与机制［J］.世界经济，2018，41（10）：26 – 50.

［17］郭克莎.中国产业结构调整升级趋势与"十四五"时期政策思路［J］.中国工业经济，2019（07）：24 – 41.

［18］郝颖，辛清泉，刘星.地区差异、企业投资与经济增长质量［J］.经济研究，2014，49（03）：101 – 114，189.

［19］郝永敬，程思宁.长江中游城市群产业集聚、技术创新与经济增长——基于异质产业集聚与协同集聚视角［J］.工业技术经济，2019，38（01）：41 – 48.

［20］侯茂章，曾路.省域技术创新发展差异对经济增长的影响研究——基于中部六省和东部五省市的实证分析［J］.工业技术经济，2015，34（04）：91 – 97.

[21] 胡彩娟. 美国排污权交易的演进历程、基本经验及对中国的启示 [J]. 经济体制改革, 2017 (03): 164-169.

[22] 黄德春, 刘志彪. 环境规制与企业自主创新——基于波特假设的企业竞争优势构建 [J]. 中国工业经济, 2006 (03): 100-106.

[23] 黄德生, 刘智超, 张彬, 冯雁, 张莉. 生态环保政策对经济发展的作用机理分析 [J]. 环境与可持续发展, 2020, 45 (04): 16-25.

[24] 黄金枝, 曲文阳. 环境规制对城市经济发展的影响——东北老工业基地波特效应再检验 [J]. 工业技术经济, 2019, 38 (12): 34-40.

[25] 黄清煌, 高明. 环境规制对经济增长的数量和质量效应——基于联立方程的检验 [J]. 经济学家, 2016 (04): 53-62.

[26] 纪玉俊, 刘金梦. 环境规制促进了产业升级吗? ——人力资本视角下的门限回归检验 [J]. 经济与管理, 2016, 30 (06): 81-87.

[27] 贾俊雪, 李紫霄, 秦聪. 社会保障与经济增长: 基于拟自然实验的分析 [J]. 中国工业经济, 2018 (11): 42-60.

[28] 江红莉, 蒋鹏程. 财政分权、技术创新与经济增长质量 [J]. 财政研究, 2019 (12): 75-86.

[29] 蒋伏心, 王竹君, 白俊红. 环境规制对技术创新影响的双重效应——基于江苏制造业动态面板数据的实证研究 [J]. 中国工业经济, 2013 (07): 44-55.

[30] 蒋为. 环境规制是否影响了中国制造业企业研发创新? ——基于微观数据的实证研究 [J]. 财经研究, 2015, 41 (02): 76-87.

[31] 颉茂华, 王瑾, 刘冬梅. 环境规制、技术创新与企业经营绩效 [J]. 南开管理评论, 2014, 17 (06): 106-113.

[32] 解垩. 环境规制与中国工业生产率增长 [J]. 产业经济研究, 2008 (01): 19-25, 69.

[33] 康志勇, 汤学良, 刘馨. 环境规制、企业创新与中国企业出口

研究——基于"波特假说"的再检验 [J]. 国际贸易问题，2020（02）：125 - 141.

[34] 邝嫦娥，田银华，李昊匡. 环境规制的污染减排效应研究——基于面板门槛模型的检验 [J]. 世界经济文汇，2017（03）：84 - 101.

[35] 李勃昕，韩先锋，宋文飞. 环境规制是否影响了中国工业 R&D 创新效率 [J]. 科学学研究，2013，31（07）：1032 - 1040.

[36] 李钢，马岩，姚磊磊. 中国工业环境管制强度与提升路线——基于中国工业环境保护成本与效益的实证研究 [J]. 中国工业经济，2010（03）：31 - 41.

[37] 李梦洁，杜威剑. 环境规制与就业的双重红利适用于中国现阶段吗？——基于省际面板数据的经验分析 [J]. 经济科学，2014（04）：14 - 26.

[38] 李梦洁，杜威剑. 空气污染对居民健康的影响及群体差异研究——基于 cfps（2012）微观调查数据的经验分析 [J]. 经济评论，2018（03）：142 - 154.

[39] 李珊珊. 环境规制对异质性劳动力就业的影响——基于省级动态面板数据的分析 [J]. 中国人口·资源与环境，2015，25（08）：135 - 143.

[40] 李善同，吴三忙，何建武，刘明. 入世 10 年中国经济发展回顾及前景展望 [J]. 北京理工大学学报（社会科学版），2012，14（03）：1 - 8.

[41] 李胜兰，初善冰，申晨. 地方政府竞争、环境规制与区域生态效率 [J]. 世界经济，2014，37（04）：88 - 110.

[42] 李树，陈刚. 环境管制与生产率增长——以 appcl2000 的修订为例 [J]. 经济研究，2013，48（01）：17 - 31.

[43] 李眺. 环境规制、服务业发展与我国的产业结构调整 [J]. 经

济管理, 2013, 35 (08): 1 - 10.

[44] 李翔, 邓峰. 科技创新、产业结构升级与经济增长 [J]. 科研管理, 2019, 40 (03): 84 - 93.

[45] 李小平, 卢现祥. 中国制造业的结构变动和生产率增长 [J]. 世界经济, 2007 (05): 52 - 64.

[46] 梁丽娜, 于渤. 经济增长: 技术创新与产业结构升级的协同效应 [J]. 科学学研究, 2020 (09): 1 - 12.

[47] 林伯强, 刘泓汛. 对外贸易是否有利于提高能源环境效率——以中国工业行业为例 [J]. 经济研究, 2015, 50 (09): 127 - 141.

[48] 林春. 财政分权与中国经济增长质量关系——基于全要素生产率视角 [J]. 财政研究, 2017 (02): 73 - 83, 97.

[49] 刘和旺, 郑世林, 左文婷. 环境规制对企业全要素生产率的影响机制研究 [J]. 科研管理, 2016, 37 (05): 33 - 41.

[50] 刘和旺, 向昌勇, 郑世林. "波特假说"何以成立: 来自中国的证据 [J]. 经济社会体制比较, 2018 (01): 54 - 62.

[51] 刘满凤, 朱文燕. 不同环境规制工具触发"波特效应"的异质性分析——基于地方政府竞争视角 [J]. 生态经济, 2020, 36 (11): 143 - 150.

[52] 刘奇, 张金池, 孟苗婧. 中央环境保护督察制度探析 [J]. 环境保护, 2018, 46 (01): 50 - 53.

[53] 刘伟, 张辉. 中国经济增长中的产业结构变迁和技术进步 [J]. 经济研究, 2008, 43 (11): 4 - 15.

[54] 刘耀彬, 熊瑶. 环境规制对区域经济发展质量的差异影响——基于 hdi 分区的比较 [J]. 经济经纬, 2020, 37 (03): 1 - 10.

[55] 陆旸. 环境规制影响了污染密集型商品的贸易比较优势吗? [J]. 经济研究, 2009, 44 (04): 28 - 40.

［56］陆旸．从开放宏观的视角看环境污染问题：一个综述［J］．经济研究，2012，47（02）：146－158．

［57］马光明，唐宜红，郭东方．中国贸易方式转型的环境效应研究［J］．国际贸易问题，2019（04）：143－156．

［58］聂普焱，黄利．环境规制对全要素能源生产率的影响是否存在产业异质性？［J］．产业经济研究，2013（04）：50－58．

［59］潘雄锋，闫窈博，王冠．对外直接投资、技术创新与经济增长的传导路径研究［J］．统计研究，2016，33（08）：30－36．

［60］彭星，李斌．不同类型环境规制下中国工业绿色转型问题研究［J］．财经研究，2016，42（07）：134－144．

［61］齐绍洲，林屾，崔静波．环境权益交易市场能否诱发绿色创新？——基于我国上市公司绿色专利数据的证据［J］．经济研究，2018，53（12）：129－143．

［62］秦琳贵，沈体雁．地方政府竞争、环境规制与全要素生产率［J］．经济经纬，2020，3：1－11．

［63］秦楠，刘李华，孙早．环境规制对就业的影响研究——基于中国工业行业异质性的视角［J］．经济评论，2018（01）：106－119．

［64］屈小娥．考虑环境约束的中国省际全要素生产率再估算［J］．产业经济研究，2012，（01）：35－43，77．

［65］渠慎宁，吕铁．产业结构升级意味着服务业更重要吗——论工业与服务业互动发展对中国经济增长的影响［J］．财贸经济，2016（03）：138－147．

［66］任胜钢，郑晶晶，刘东华，陈晓红．排污权交易机制是否提高了企业全要素生产率——来自中国上市公司的证据［J］．中国工业经济，2019（05）：5－23．

［67］申晨，贾妮莎，李炫榆．环境规制与工业绿色全要素生产

率——基于命令—控制型与市场激励型规制工具的实证分析 [J]. 研究与发展管理, 2017, 29 (02): 144 – 154.

[68] 申晨, 李胜兰, 黄亮雄. 异质性环境规制对中国工业绿色转型的影响机理研究——基于中介效应的实证分析 [J]. 南开经济研究, 2018 (05): 95 – 114.

[69] 沈能. 环境效率、行业异质性与最优规制强度——中国工业行业面板数据的非线性检验 [J]. 中国工业经济, 2012 (03): 56 – 68.

[70] 沈能, 刘凤朝. 高强度的环境规制真能促进技术创新吗？——基于"波特假说"的再检验 [J]. 中国软科学, 2012 (04): 49 – 59.

[71] 史丹, 李少林. 排污权交易制度与能源利用效率——对地级及以上城市的测度与实证 [J]. 中国工业经济, 2020 (09): 5 – 23.

[72] 宋马林, 王舒鸿. 环境规制, 技术进步与经济增长 [J]. 经济研究, 2013, 048 (003): 122 – 134.

[73] 苏昕, 周升师. 双重环境规制、政府补助对企业创新产出的影响及调节 [J]. 中国人口·资源与环境, 2019, 29 (3): 31 – 39.

[74] 孙叶飞, 夏青, 周敏. 新型城镇化发展与产业结构变迁的经济增长效应 [J]. 数量经济技术经济研究, 2016, 33 (11): 23 – 40.

[75] 孙英杰, 林春. 试论环境规制与中国经济增长质量提升——基于环境库兹涅茨倒 U 型曲线 [J]. 上海经济研究, 2018 (03): 84 – 94.

[76] 唐跃军, 黎德福. 环境资本、负外部性与碳金融创新 [J]. 中国工业经济, 2010 (06): 5 – 14.

[77] 陶静, 胡雪萍. 环境规制对中国经济增长质量的影响研究 [J]. 中国人口·资源与环境, 2019, 29 (06): 85 – 96.

[78] 陶静, 胡雪萍, 王少红. 环境规制影响经济增长质量的技术创新路径 [J]. 华东经济管理, 2020, 34 (12): 1 – 9.

[79] 陶长琪, 李翠, 王夏欢. 环境规制对全要素能源效率的作用效

应与能源消费结构演变的适配关系研究 [J]. 中国人口·资源与环境, 2018, 28 (04): 98 – 108.

[80] 涂正革, 谌仁俊. 排污权交易机制在中国能否实现波特效应? [J]. 经济研究, 2015, 50 (07): 160 – 173.

[81] 王金南, 许开鹏, 王晶晶, 王夏晖. 国家"十三五"资源环境生态红线框架设计 [J]. 环境保护, 2016, 44 (08): 22 – 25.

[82] 王军, 李萍. 绿色税收政策对经济增长的数量与质量效应——兼议中国税收制度改革的方向 [J]. 中国人口·资源与环境, 2018, 28 (05): 17 – 26.

[83] 王林辉, 王辉, 董直庆. 经济增长和环境质量相容性政策条件——环境技术进步方向视角下的政策偏向效应检验 [J]. 管理世界, 2020, 36 (03): 39 – 60.

[84] 王文平, 王丽媛. 我国的出口商品结构与经济增长——加入WTO前后的比较分析 [J]. 世界经济研究, 2011 (12): 21 – 25, 84.

[85] 王晓祺, 郝双光, 张俊民. 新《环保法》与企业绿色创新:"倒逼"抑或"挤出"? [J]. 中国人口·资源与环境, 2020, 30 (07): 107 – 117.

[86] 王智毓, 冯华. 科技服务业发展对中国经济增长的影响研究 [J]. 宏观经济研究, 2020 (06): 102 – 113, 121.

[87] 魏龙, 潘安. 出口贸易和 FDI 加剧了资源型城市的环境污染吗? ——基于中国 285 个地级城市面板数据的经验研究 [J]. 自然资源学报, 2016, 31 (01): 17 – 27.

[88] 吴舜泽, 黄德生, 刘智超, 沈晓悦, 原庆丹. 中国环境保护与经济发展关系的 40 年演变 [J]. 环境保护, 2018, 46 (20): 14 – 20.

[89] 谢婷婷, 刘锦华. 绿色信贷如何影响中国绿色经济增长? [J]. 中国人口·资源与环境, 2019, 29 (09): 83 – 90.

[90] 熊艳. 基于省际数据的环境规制与经济增长关系 [J]. 中国人口·资源与环境, 2011, 21 (05): 126-131.

[91] 徐辉, 李宏伟. 丝绸之路经济带市域经济增长与产业结构变化 [J]. 经济地理, 2016, 36 (11): 31-37.

[92] 徐敏, 姜勇. 中国产业结构升级能缩小城乡消费差距吗? [J]. 数量经济技术经济研究, 2015, 32 (03): 3-21.

[93] 徐茉, 陶长琪. 双重环境规制、产业结构与全要素生产率——基于系统 gmm 和门槛模型的实证分析 [J]. 南京财经大学学报, 2017 (01): 8-17.

[94] 许士春, 何正霞, 龙如银. 环境政策工具比较: 基于企业减排的视角 [J]. 系统工程理论与实践, 2012, 32 (11): 2351-2362.

[95] 闫文娟, 郭树龙, 史亚东. 环境规制、产业结构升级与就业效应: 线性还是非线性? [J]. 经济科学, 2012 (06): 23-32.

[96] 严成樑. 现代经济增长理论的发展脉络与未来展望——兼从中国经济增长看现代经济增长理论的缺陷 [J]. 经济研究, 2020, 55 (07): 191-208.

[97] 杨朝飞, 王金南, 葛察忠, 任勇. 环境经济政策 改革与框架 [M]. 中国环境科学出版社, 2010.

[98] 杨力, 刘敦虎, 魏奇锋. 城市群技术创新与经济增长效率的时空分异研究——以成都城市群为例 [J]. 经济体制改革, 2020 (01): 43-52.

[99] 杨冕, 晏兴红, 李强谊. 环境规制对中国工业污染治理效率的影响研究 [J]. 中国人口·资源与环境, 2020 (09): 54-61.

[100] 杨仁发, 李娜娜. 产业结构变迁与中国经济增长——基于马克思主义政治经济学视角的分析 [J]. 经济学家, 2019 (08): 27-38.

[101] 叶琴, 曾刚, 戴劭勋, 王丰龙. 不同环境规制工具对中国节能

减排技术创新的影响——基于 285 个地级市面板数据 ［J］. 中国人口·资源与环境，2018，28（02）：115－122.

［102］尹庆民，顾玉铃. 环境规制对绿色经济效率影响的门槛模型分析——基于产业结构的交互效应 ［J］. 工业技术经济，2020，39（08）：141－147.

［103］尹智超，彭红枫. 新中国 70 年对外贸易发展及其对经济增长的贡献：历程、机理与未来展望 ［J］. 世界经济研究，2020（09）：19－37，135.

［104］应瑞瑶，周力. 外商直接投资、工业污染与环境规制——基于中国数据的计量经济学分析 ［J］. 财贸经济，2006（01）：76－81.

［105］於方，马国霞，齐霁，王金南. 中国环境经济核算报告 2007—2008 ［M］. 北京：中国环境科学出版社，2012.

［106］于斌斌. 产业结构调整与生产率提升的经济增长效应——基于中国城市动态空间面板模型的分析 ［J］. 中国工业经济，2015（12）：83－98.

［107］俞毅. Gdp 增长与能源消耗的非线性门限——对中国传统产业省际转移的实证分析 ［J］. 中国工业经济，2010（12）：57－65.

［108］袁富华. 长期增长过程的"结构性加速"与"结构性减速"：一种解释 ［J］. 经济研究，2012，47（03）：127－140.

［109］原毅军，刘柳. 环境规制与经济增长：基于经济型规制分类的研究 ［J］. 经济评论，2013，（01）：27－33.

［110］原毅军，谢荣辉. 环境规制的产业结构调整效应研究——基于中国省际面板数据的实证检验 ［J］. 中国工业经济，2014（08）：57－69.

［111］原毅军，谢荣辉. FDI、环境规制与中国工业绿色全要素生产率增长——基于 Luenberger 指数的实证研究 ［J］. 国际贸易问题，2015

（08）：84 – 93.

[112] 张彩云，苏丹妮．环境规制、要素禀赋与企业选址——兼论"污染避难所效应"和"要素禀赋假说"[J]．产业经济研究，2020（03）：43 – 56.

[113] 张成，于同申，郭路．环境规制影响了中国工业的生产率吗——基于 dea 与协整分析的实证检验 [J]．经济理论与经济管理，2010（03）：11 – 17.

[114] 张成，陆旸，郭路，于同申．环境规制强度和生产技术进步 [J]．经济研究，2011，46（02）：113 – 124.

[115] 张华，魏晓平．绿色悖论抑或倒逼减排——环境规制对碳排放影响的双重效应 [J]．中国人口·资源与环境，2014，24（09）：21 – 29.

[116] 张娟，耿弘，徐功文，陈健．环境规制对绿色技术创新的影响研究 [J]．中国人口·资源与环境，2019，29（01）：168 – 176.

[117] 张平，张鹏鹏，蔡国庆．不同类型环境规制对企业技术创新影响比较研究 [J]．中国人口·资源与环境，2016，26（4）：8 – 13.

[118] 张文彬，张理芃，张可云．中国环境规制强度省际竞争形态及其演变——基于两区制空间 Durbin 固定效应模型的分析 [J]．管理世界，2010（12）：34 – 44.

[119] 张友国．碳排放视角下的区域间贸易模式：污染避难所与要素禀赋 [J]．中国工业经济，2015（08）：5 – 19.

[120] 张长征，施梦雅．金融结构优化、技术创新与区域经济增长 [J]．工业技术经济，2020，39（09）：48 – 55.

[121] 章恒全，李阳，李军，张陈俊．多维度城镇化对工业废水排放量的影响分析 [J]．工业技术经济，2019，38（09）：58 – 66.

[122] 章渊，吴凤平．基于 lmdi 方法我国工业废水排放分解因素效

应考察［J］. 产业经济研究, 2015 (06): 99 - 110.

［123］赵红. 环境规制对中国产业技术创新的影响［J］. 经济管理, 2007 (21): 57 - 61.

［124］赵明亮, 刘芳毅, 王欢, 孙威. FDI、环境规制与黄河流域城市绿色全要素生产率［J］. 经济地理, 2020, 40 (04): 38 - 47.

［125］赵玉民, 朱方明, 贺立龙. 环境规制的界定、分类与演进研究［J］. 中国人口·资源与环境, 2009, 19 (06): 85 - 90.

［126］钟茂初, 李梦洁, 杜威剑. 环境规制能否倒逼产业结构调整——基于中国省际面板数据的实证检验［J］. 中国人口·资源与环境, 2015, 25 (08): 107 - 115.

［127］周海华, 王双龙. 正式与非正式的环境规制对企业绿色创新的影响机制研究［J］. 软科学, 2016, 30 (08): 47 - 51.

［128］周生贤. 适应新常态 打好攻坚战 全面完成"十二五"目标任务——在 2015 年全国环境保护工作会议上的讲话［J］. 环境保护, 2015, 43 (02): 12 - 21.

［129］Aiken D V, Pasurka Jr C A. Adjusting the Measurement of Us Manufacturing Productivity for Air Pollution Emissions Control［J］. Resource and Energy Economics, 2003, 25 (4): 329 - 351.

［130］Allen F, Qian J, Qian M. Law, Finance, and Economic Growth in China［J］. Journal of Financial Economics, 2005, 77 (1): 57 - 116.

［131］Ambec S, Barla P. A Theoretical Foundation of the Porter Hypothesis［J］. Economics Letters, 2002, 75 (3): 355 - 360.

［132］Antweiler W, Copeland B R, Taylor M S. Is Free Trade Good for the Environment?［J］. American Economic Review, 2001, 91 (4): 877 - 908.

［133］Arimura T, Hibiki A, Johnstone N. An Empirical Study of Environmental R&D: What Encourages Facilities to Be Environmentally Innovative [J]. Environmental Policy and Corporate Behaviour, 2007: 142 – 173.

[134] Arimura T H. An Empirical Study of the SO_2 Allowance Market: Effects of PUC Regulations [J]. Journal of Environmental Economics and Management, 2002, 44 (2): 271 – 289.

[135] Barbera A J, Mcconnell V D. The Impact of Environmental Regulations on Industry Productivity: Direct and Indirect Effects [J]. Journal of Environmental Economics and Management, 1990, 18 (1): 50 – 65.

[136] Bartik T J. Small Business Start-Ups in the United States: Estimates of the Effects of Characteristics of States [J]. Southern Economic Journal, 1989: 1004 – 1018.

[137] Baumol W J, Baumol W J, Oates W E, Baumol W J, Bawa V, Bawa W, Bradford D F. The Theory of Environmental Policy [M]. Cambridge University Press, 1988.

[138] Berman E, Bui L T. Environmental Regulation and Productivity: Evidence from Oil Refineries [J]. Review of Economics and Statistics, 2001, 83 (3): 498 – 510.

[139] Blackman A, Lahiri B, Pizer W, Planter M R, Piña C M. Voluntary Environmental Regulation in Developing Countries: Mexico's Clean Industry Program [J]. Journal of Environmental Economics and Management, 2010, 60 (3): 182 – 192.

[140] Böcher M. A Theoretical Framework for Explaining the Choice of Instruments in Environmental Policy [J]. Forest Policy and Economics, 2012, 16: 14 – 22.

[141] Bodenstein M, Erceg C J, Guerrieri L. Oil Shocks and External Adjustment [J]. Journal of International Economics, 2011, 83 (2):

168 – 184.

[142] Bokusheva R, Kumbhakar S C, Lehmann B. The Effect of Environmental Regulations on Swiss Farm Productivity [J]. International Journal of Production Economics, 2012, 136 (1): 93 – 101.

[143] Boucekkine R, De La Croix D, Licandro O. Vintage Human Capital, Demographic Trends, and Endogenous Growth [J]. Journal of Economic Theory, 2002, 104 (2): 340 – 375.

[144] Brenner T, Capasso M, Duschl M, Frenken K, Treibich T. Causal Relations between Knowledge-Intensive Business Services and Regional Employment Growth [J]. Regional Studies, 2018, 52 (2): 172 – 183.

[145] Bridgman B. Energy Prices and the Expansion of World Trade [J]. Review of Economic Dynamics, 2008, 11 (4): 904 – 916.

[146] Brunnermeier S B, Cohen M A. Determinants of Environmental Innovation in US Manufacturing Industries [J]. Journal of Environmental Economics and Management, 2003, 45 (2): 278 – 293.

[147] Buehn A, Farzanegan M R. Hold Your Breath: A New Index of Air Pollution [J]. Energy Economics, 2013, 37: 104 – 113.

[148] Busse M. Trade, Environmental Regulations, and the World Trade Organization: New Empirical Evidence [J]. Journal of World Trade, 2004, (38): 285 – 360.

[149] Callan S J, Thomas J M. Analyzing Demand for Disposal and Recycling Services: A Systems Approach [J]. Eastern Economic Journal, 2006, 32 (2): 221 – 240.

[150] Caniëls M C, Verspagen B. Barriers to Knowledge Spillovers and Regional Convergence in an Evolutionary Model [J]. Journal of Evolutionary Economics, 2001, 11 (3): 307 – 329.

[151] Cassar A, Nicolini R. Spillovers and Growth in a Local Interaction Model [J]. The Annals of Regional Science, 2008, 42 (2): 291 - 306.

[152] Chapple L, Clarkson P M, Gold D L. The Cost of Carbon: Capital Market Effects of the Proposed Emission Trading Scheme (Ets) [J]. Abacus, 2013, 49 (1): 1 - 33.

[153] Cole M A, Elliott R J. Do Environmental Regulations Influence Trade Patterns? Testing Old and New Trade Theories [J]. World Economy, 2003, 26 (8): 1163 - 1186.

[154] Cole M A, Elliott R J, Shimamoto K. Why the Grass Is Not Always Greener: The Competing Effects of Environmental Regulations and Factor Intensities on Us Specialization [J]. Ecological Economics, 2005, 54 (1): 95 - 109.

[155] Cole M A, Elliott R J, Okubo T, Zhou Y. The Carbon Dioxide Emissions of Firms: A Spatial Analysis [J]. Journal of Environmental Economics Management, 2013, 65 (2): 290 - 309.

[156] Condliffe S, Morgan O A. The Effects of Air Quality Regulations on the Location Decisions of Pollution-Intensive Manufacturing Plants [J]. Journal of Regulatory Economics, 2009, 36 (1): 83 - 93.

[157] Copeland B R, Taylor M S. North-South Trade and the Environment [J]. The Quarterly Journal of Economics, 1994, 109 (3): 755 - 787.

[158] Copeland B R, Taylor M S. Trade, Growth, and the Environment [J]. Journal of Economic Literature, 2004, 42 (1): 7 - 71.

[159] Dasgupta S, Laplante B, Mamingi N, Wang H. Inspections, Pollution Prices, and Environmental Performance: Evidence from China [J]. Ecological Economics, 2001, 36 (3): 487 - 498.

[160] De Bruyn S M, Van Den Bergh J C, Opschoor J B. Economic

Growth and Emissions: Reconsidering the Empirical Basis of Environmental Kuznets Curves [J]. Ecological Economics, 1998, 25 (2): 161 – 175.

[161] Dobos I. The Effects of Emission Trading on Production and Inventories in the Arrow-Karlin Model [J]. International Journal of Production Economics, 2005, 93: 301 – 308.

[162] Domazlicky B R, Weber W L. Does Environmental Protection Lead to Slower Productivity Growth in the Chemical Industry? [J]. Environmental and Resource Economics, 2004, 28 (3): 301 – 324.

[163] Downing P B, White L J. Innovation in Pollution Control [J]. Journal of Environmental Economics and Management, 1986, 13 (1): 18 – 29.

[164] Driffield N, Love J H. Foreign Direct Investment, Technology Sourcing and Reverse Spillovers [J]. The Manchester School, 2003, 71 (6): 659 – 672.

[165] Dufour C, Lanoie P, Patry M. Regulation and Productivity [J]. Journal of Productivity Analysis, 1998, 9 (3): 233 – 247.

[166] Eichengreen B, Park D, Shin K. When Fast-Growing Economies Slow Down: International Evidence and Implications for China [J]. Asian Economic Papers, 2012, 11 (1): 42 – 87.

[167] Enhaz Z, Katircioglu S, Katircioglu S. Dynamic Effects of Shadow Economy and Environmental Pollution on the Energy Stock Prices: Empirical Evidence from OECD Countries [J]. Environmental Science and Pollution Research, 2020 (2): 8520 – 8529.

[168] Eskeland G S, Harrison A E. Moving to Greener Pastures? Multinationals and the Pollution Haven Hypothesis [J]. Journal of Development Economics, 2003, 70 (1): 1 – 23.

[169] Fagerberg J. Technological Progress, Structural Change and Pro-ductivity Growth: A Comparative Study [J]. Structural Change and Economic Dynamics, 2000, 11 (4): 393 -411.

[170] Fischer M M, Scherngell T, Jansenberger E. The Geography of Knowledge Spillovers between High-Technology Firms in Europe: Evidence from a Spatial Interaction Modeling Perspective [J]. Geographical Analysis, 2006, 38 (3): 288 -309.

[171] Focacci A. Empirical Analysis of the Environmental and Energy Policies in Some Developing Countries Using Widely Employed Macroeconomic Indicators: The Cases of Brazil, China and India [J]. Energy Policy, 2005, 33 (4): 543 -554.

[172] Galor O, Weil D N. Population, Technology, and Growth: From Malthusian Stagnation to the Demographic Transition and Beyond [J]. American Economic Review, 2000, 90 (4): 806 -828.

[173] Gray W B. The Cost of Regulation: Osha, Epa and the Productivity Slowdown [J]. The American Economic Review, 1987, 77 (5): 998 -1006.

[174] Gray W B, Deily M E. Compliance and Enforcement: Air Pollu-tion Regulation in the Us Steel Industry [J]. Journal of Environmental Econom-ics and Management, 1996, 31 (1): 96 -111.

[175] Gray W B, Shadbegian R J. Plant Vintage, Technology, and En-vironmental Regulation [J]. Journal of Environmental Economics and Manage-ment, 2003, 46 (3): 384 -402.

[176] Grossman G M, Krueger A B. Economic Growth and the Environ-ment [J]. The Quarterly Journal of Economics, 1995, 110 (2): 353 -377.

[177] Gustav F, Hart R F, Kort P M, Veliov V M. Environmental Poli-cy, the Porter Hypothesis and the Composition of Capital: Effect of Learning

and Technological Process [J]. Journal of Environmental Economic and Management, 2005, 50 (2): 434 - 446.

[178] Hamamoto M. Environmental Regulation and the Productivity of Japanese Manufacturing Industries [J]. Resource and Energy Economics, 2006, 28 (4): 299 - 312.

[179] Harford J D. Firm Behavior under Imperfectly Enforceable Pollution Standards and Taxes [J]. Journal of Environmental Economics and Management, 1978, 5 (1): 26 - 43.

[180] Heckman J J, Ichimura H, Todd P. Matching as an Econometric Evaluation Estimator [J]. The Review of Economic Studies, 1998, 65 (2): 261 - 294.

[181] Helander H, Leipold S, Bringezu S, Lifset R. How to Monitor Environmental Pressures of a Circular Economy: An Assessment of Indicators [J]. Journal of Industrial Ecology, 2019, 23 (5): 1278 - 1291.

[182] Hering L, Poncet S. Environmental Policy and Exports: Evidence from Chinese Cities [J]. Journal of Environmental Economics and Management, 2014, 68 (2): 296 - 318.

[183] Hobson. The Limits of the Loops: Critical Environmental Politics and the Circular Economy [J]. Environmental Politics, 2021: 161 - 179.

[184] Hori T, Mizutani N, Uchino T. Endogenous Structural Change, Aggregate Balanced Growth, and Optimality [J]. Economic Theory, 2018, 65 (1): 125 - 153.

[185] Jaffe A B, Stavins R N. Dynamic Incentives of Environmental Regulations: The Effects of Alternative Policy Instruments on Technology Diffusion [J]. Journal of Environmental Economics and Management, 1995, 29 (3): S43 - S63.

[186] Jayachandran S. Air Quality and Early-Life Mortality Evidence from Indonesia's Wildfires [J]. Journal of Human resources, 2009, 44 (4): 916 – 954.

[187] Jayadevappa R, Chhatre S. International Trade and Environmental Quality: A Survey [J]. Ecological Economics, 2000, 32 (2): 175 – 194.

[188] Johnstone N, Haščič I, Popp D. Renewable Energy Policies and Technological Innovation: Evidence Based on Patent Counts [J]. Environmental and Resource Economics, 2010, 45 (1): 133 – 155.

[189] Jong T, Couwenberg O, Woerdman E. Does Eu Emissions Trading Bite? An Event Study [J]. Energy Policy, 2014, 69: 510 – 519.

[190] Jorgenson D W, Wilcoxen P J. Environmental Regulation and Us Economic Growth [J]. The Rand Journal of Economics, 1990: 314 – 340.

[191] Kaika D, Zervas E. The Environmental Kuznets Curve (Ekc) Theory—Part A: Concept, Causes and the Co2 Emissions Case [J]. Energy Policy, 2013, 62: 1392 – 1402.

[192] Kemp R, Pontoglio S. The Innovation Effects of Environmental Policy Instruments—a Typical Case of the Blind Men and the Elephant? [J]. Ecological Economics, 2011, 72: 28 – 36.

[193] Kiso T. Environmental Policy and Induced Technological Change: Evidence from Automobile Fuel Economy Regulations [J]. Environmental and Resource Economics, 2019, (1): 785 – 810.

[194] Kiuila O, Peszko G. Sectoral and Macroeconomic Impacts of the Large Combustion Plants in Poland: A General Equilibrium Analysis [J]. Energy Economics, 2006, 28 (3): 288 – 307.

[195] Koch N, Bassen A. Valuing the Carbon Exposure of European Utilities. The Role of Fuel Mix, Permit Allocation and Replacement Investments

[J]. Energy Economics, 2013, 36: 431 –443.

[196] Lamond D, Dwyer R, Ramanathan R, Black A, Nath P, Muyl-dermans L. Impact of Environmental Regulations on Innovation and Performance in the Uk Industrial Sector [J]. Management Decision, 2010: 1493 –1513.

[197] Lanoie P, Patry M, Lajeunesse R. Environmental Regulation and Productivity: Testing the Porter Hypothesis [J]. Journal of Productivity Analysis, 2008, 30 (2): 121 –128.

[198] Lanoie P, Laurent-Lucchetti J, Johnstone N, Ambec S. Environmental Policy, Innovation and Performance: New Insights on the Porter Hypothesis [J]. Journal of Economics & Management Strategy, 2011, 20 (3): 803 –842.

[199] Laplante B, Rilstone P. Environmental Inspections and Emissions of the Pulp and Paper Industry in Quebec [J]. Journal of Environmental Economics and Management, 1996, 31 (1): 19 –36.

[200] Laursen K, Masciarelli F, Prencipe A. Regions Matter: How Localized Social Capital Affects Innovation and External Knowledge Acquisition [J]. Organization Science, 2012, 23 (1): 177 –193.

[201] List J A, Kunce M. Environmental Protection and Economic Growth: What Do the Residuals Tell Us? [J]. Land Economics, 2000: 267 –282.

[202] Liu M, Shadbegian R, Zhang B. Does Environmental Regulation Affect Labor Demand in China? Evidence from the Textile Printing and Dyeing Industry [J]. Journal of Environmental Economics and Management, 2017, 86: 277 –294.

[203] Ljungwall C, Linde-Rahr M. Environmental Policy and the Location of Foreign Direct Investment in China [J]. Governance Working Papers,

188 市场型环境规制的经济增长效应

2005: 2 - 25.

[204] Lucas R E. The Industrial Revolution: Past and Future [J]. Lectures on Economic Growth, 2002: 109 – 188.

[205] Macho-Stadler I. Environmental Regulation: Choice of Instruments under Imperfect Compliance [J]. Spanish Economic Review, 2008, 10 (1): 1 – 21.

[206] Maisseu A, Voss A. Energy, Entropy and Sustainable Development [J]. International Journal of Global Energy Issues, 1995, 8 (1 – 3): 201 – 220.

[207] Marconi D. Trade, Technical Progress and the Environment: The Role of a Unilateral Green Tax on Consumption [J]. Asia-Pacific Journal of Accounting & Economics, 2009, 16 (3): 297 – 316.

[208] Mcconnell V D, Schwab R M. The Impact of Environmental Regulation on Industry Location Decisions: The Motor Vehicle Industry [J]. Land Economics, 1990, 66 (1): 67 – 81.

[209] Mckitrick R. Economic Analysis of Environmental Policy [M]. University of Toronto Press, 2011.

[210] Millimet D L, Roy J. Empirical Tests of the Pollution Haven Hypothesis When Environmental Regulation Is Endogenous [J]. Journal of Applied Econometrics, 2016, 31 (4): 652 – 677.

[211] Mo J-L, Zhu L, Fan Y. The Impact of the Eu Ets on the Corporate Value of European Electricity Corporations [J]. Energy, 2012, 45 (1): 3 – 11.

[212] Montero J-P. Permits, Standards, and Technology Innovation [J]. Journal of Environmental Economics and Management, 2002, 44 (1): 23 – 44.

［213］Montgomery W D. Markets in Licenses and Efficient Pollution Control Programs ［J］. Journal of Economic Theory, 1972, 5 (3): 395 –418.

［214］Morgenstern R D, Pizer W A, Shih J-S. Jobs Versus the Environment: An Industry-Level Perspective ［J］. Journal of Environmental Economics and Management, 2002, 43 (3): 412 –436.

［215］Murty M N, Kumar S. Win-Win Opportunities and Environmental Regulation: Testing of Porter Hypothesis for Indian Manufacturing Industries ［J］. Journal of Environmental Management, 2003, 67 (2): 139 – 144.

［216］Ngai L R, Pissarides C A. Structural Change in a Multisector Model of Growth ［J］. American Economic Review, 2007, 97 (1): 429 –443.

［217］Nkm A, Rkm B. Energy and Environmental Efficiency of OECD Countries in the Context of the Circular Economy: Common Weight Analysis for Malmquist Productivity Index ［J］. Journal of Environmental Management, 2019, 247: 651 –661.

［218］Oberndorfer U. Eu Emission Allowances and the Stock Market: Evidence from the Electricity Industry ［J］. Ecological Economics, 2009, 68 (4): 1116 –1126.

［219］Peneder M. Structural Change and Aggregate Growth ［J］. Structural change and Economic Dynamics, 2002, 14: 427 –448.

［220］Porter M E, Van Der Linde C. Toward a New Conception of the Environment-Competitiveness Relationship ［J］. Journal of Economic Perspectives, 1995, 9 (4): 97 –118.

［221］Pradhan J P, Singh N. Outward Fdi and Knowledge Flows: A Study of the Indian Automotive Sector ［J］. International Journal of Institutions and Economies, 2008, 1 (1): 155 –186.

［222］Rafiq S, Sgro P, Apergis N. Asymmetric Oil Shocks and External

Balances of Major Oil Exporting and Importing Countries [J]. Energy Economics, 2016, 56: 42 – 50.

[223] Rehfeld K M, Rennings K, Ziegler A. Integrated Product Policy and Environmental Product Innovations: An Empirical Analysis [J]. Ecological Economics, 2007, 61 (1): 91 – 100.

[224] Requate T, Unold W. Environmental Policy Incentives to Adopt Advanced Abatement Technology: Will the True Ranking Please Stand Up? [J]. European Economic Review, 2003, 47 (1): 125 – 146.

[225] Rousseau S, Proost S. Comparing Environmental Policy Instruments in the Presence of Imperfect Compliance-a Case Study [J]. Environmental and Resource Economics, 2005, 32 (3): 337 – 365.

[226] Sachs J, Woo W T. Structural Factors in the Economic Reforms of China, Eastern Europe, and the Former Soviet Union [J]. Economic Policy, 1994, 9 (18): 101 – 145.

[227] Sachs J D. The Transition at Mid Decade [J]. The American Economic Review, 1996, 86 (2): 128 – 133.

[228] Sancho F H, Tadeo A P, Martinez E. Efficiency and Environmental Regulation: An Application to Spanish Wooden Goods and Furnishings Industry [J]. Environmental and Resource Economics, 2000, 15 (4): 365 – 378.

[229] Sandmo A. Efficient Environmental Policy with Imperfect Compliance [J]. Environmental and Resource Economics, 2002, 23 (1): 85 – 103.

[230] Shadbegian R J, Gray W B. Pollution Abatement Expenditures and Plant-Level Productivity: A Production Function Approach [J]. Ecological Economics, 2005, 54 (2 – 3): 196 – 208.

[231] Sobel, M. E. Direct and Indirect Effects in Linear Structural Equation Models [J]. Sociological Methods & Research, 1987, 16 (1): 155 – 176.

[232] Stavins R N. What Can We Learn from the Grand Policy Experiment? Lessons from SO_2 Allowance Trading [J]. Journal of Economic Perspectives, 1998, 12 (3): 69 – 88.

[233] Strulik H. Mortality, the Trade-Off between Child Quality and Quantity, and Demo-Economic Development [J]. Metroeconomica, 2003, 54 (4): 499 – 520.

[234] Testa F, Iraldo F, Frey M. The Effect of Environmental Regulation on Firms' Competitive Performance: The Case of the Building & Construction Sector in Some Eu Regions [J]. Journal of Environmental Management, 2011, 92 (9): 2136 – 2144.

[235] Timmer M P, Szirmai A. Productivity Growth in Asian Manufacturing: The Structural Bonus Hypothesis Examined [J]. Structural Change and Economic Dynamics, 2000, 11 (4): 371 – 392.

[236] Tone K. A Slacks-Based Measure of Efficiency in Data Envelopment Analysis [J]. European Journal of Operational Research, 2001, 130 (3): 498 – 509.

[237] Unruh G C, Moomaw W R. An Alternative Analysis of Apparent Ekc-Type Transitions [J]. Ecological Economics, 1998, 25 (2): 221 – 229.

[238] Van Beers C, Van Den Bergh J C. Overview of Methodological Approaches in the Analysis of Trade and Environment, An [J]. Journal of World Trade, 1996, 30: 143.

[239] Wagner M. The Carbon Kuznets Curve: A Cloudy Picture Emitted by Bad Econometrics? [J]. Resource and Energy Economics, 2008, 30 (3):

388 – 408.

［240］ Weitzman M L. Prices Vs. Quantities ［J］. The Review of Economic Studies, 1974, 41 (4): 477 – 491.

［241］ Wheeler D, Pargal S. Informal Regulation of Industrial Pollution in Developing Countries: Evidence from Indonesia ［J］. Journal of Political Economy, 1996, 104 (6): 1314 – 1327.

［242］ Wysokińska Z. A Review of Transnational Regulations in Environmental Protection and the Circular Economy ［J］. Comparative Economic Research Central and Eastern Europe, 2020, 23 (4): 149 – 168.

后 记

　　排污权交易作为市场型环境规制的典型起源于美国，应用于大气污染源和河流污染源管理。由于当时二氧化硫污染超排放严重，为解决企业经济发展与环境保护之间的矛盾，引入了排污权交易的实践，成为备受关注的环境经济政策之一。2007 年 11 月，浙江嘉兴成立国内第一个排污权交易中心，旨在通过市场手段控制污染排放总量。排污权交易试点内有排污需求的企业有偿使用排污权，获取排污权之后若由于超量减排存在排污权剩余，可以通过排污权交易获得经济补偿，这实质上是对企业环保行为的经济激励，其意义在于提高企业主动污染减排的积极性，实现排污总量控制。

　　市场型环境规制通过利用市场机制调节环境保护行为，作为环境经济政策其前提条件是"谁污染谁付费"。当前我国环境污染治理实行重点污染物排放总量控制，政府会根据地方环境状况、环境容量以及环境承载力等，划定污染物排放总量控制目标。排污单位在依法、有偿获得排污权后，可以将剩余的排污权看作商品并在交易市场进行买卖，但应遵循一定的原则，比如不得跨省交易、水权交易应该是同一流域、火电企业的大气污染物排放权不得跨行业交易、工业污染与农业污染不得交易等。

　　推动排污权交易虽然提高了排污企业减排的主动性，但在交易过程中仍然暴露出许多问题，比如由企业担心剩余的排污权不能随时出售或者达不到理想的价位，个别区域会将排污权范围分割，市场被压缩之后，各版块之间不得交易，导致市场体量过小，交易不活跃等。因此，在经济高质量发展的背景下，要想激活排污权交易市场，仍需从明确排污权法律地位以及权属认定、建立合理的环境成本负担机制、围绕排污许可制度改革做好政策衔接以及建立健全区域交易体制机制等方面入手。经济要实现高质量和可持续发展，必须统筹协调环境规制。当前，我们必须正确认识绿水青山就是金山银山传递出的生态文明理念，挖掘生态文明建设过程中蕴含的经济发展需求，激发新的供给和新的经济增长点，把绿水青山中蕴含的经济价值转化为金山银山，破除环境规制与经济发展之间相互矛盾的错误认识。生态环境越好，经济发展空间越广。另外经济发展可以为生态补偿、生态治理修复提供经济基础。

本书是基于我的博士论文修改而成，感谢我的导师暨南大学经济学院傅京燕教授，对博士论文的框架和结构认真的指导，给出具体的建设性修改意见，让研究更贴近现实问题。感谢曹翔博士、任亚运博士等对书稿提出的宝贵意见以及帮助。感谢家人对我的鼓励和支持。本书得到 2022 年河南省哲学社会科学规划年度项目"'双碳'战略下河南实现经济新增长的动力转换及提升路径研究"（2022CJJ139）和博士科研启动经费（13480042）的资助，特此感谢。

程芳芳
2023 年 4 月